模具零件数控加工与实训

主　编　陈洁训
副主编　李南华　赵伟宜
参　编　卢　葵　曾燕玲　文新育
　　　　周建颖　甘永建　于志良
审　稿　岳永胜

机 械 工 业 出 版 社

本书以项目驱动的形式编写，突出应用性、实践性，将理论教学融入实践教学之中，按照实际生产流程来引导教学过程。本书共有四个项目：工字冲裁模模板的孔加工、型芯零件加工、型腔零件加工以及综合知识扩展。每个项目由若干个任务组成，工作过程清晰。每个任务包含学习目标、学习过程，以及明确而具体的成果展示和评价标准。

本书可作为大中专院校数控技术应用、模具等专业的教材或参考书，也可作为企业数控加工技术岗位培训和自学用书。

图书在版编目（CIP）数据

模具零件数控加工与实训/陈洁训主编. —北京：机械工业出版社，2019.2

ISBN 978-7-111-61623-8

Ⅰ.①模…　Ⅱ.①陈…　Ⅲ.①模具-数控机床-加工　Ⅳ.①TG76

中国版本图书馆 CIP 数据核字（2019）第 048965 号

机械工业出版社（北京市百万庄大街 22 号　邮政编码 100037）
策划编辑：王晓洁　责任编辑：王晓洁
责任校对：佟瑞鑫　封面设计：严娅萍
责任印制：孙　炜
北京联兴盛业印刷股份有限公司印刷
2019 年 6 月第 1 版第 1 次印刷
184mm×260mm · 9 印张 · 220 千字
0001—1900 册
标准书号：ISBN 978-7-111-61623-8
定价：39.80 元

凡购本书，如有缺页、倒页、脱页，由本社发行部调换

电话服务	网络服务
服务咨询热线：010-88379833	机 工 官 网：www.cmpbook.com
读者购书热线：010-68326294	机 工 官 博：weibo.com/cmp1952
	教育服务网：www.cmpedu.com
封面无防伪标均为盗版	金 书 网：www.golden-book.com

前言

随着中国制造2025的推进和我国社会经济的不断发展，现代产业正面临转型升级，大量企业不断引进新的管理模式、生产方式和组织形式。这一变化趋势要求专业技术人员不仅要具备工作岗位所需的专业能力，还要求具备良好的沟通交流和团队合作等能力，以及解决问题和自我管理的能力，能对新的、不可预见的工作情况做出独立的判断并给出应对的措施。为了适应经济发展对专业技术人才的需求，培养高素质的数控技术应用等机械类专业高技能人才，我们根据数控技术应用、模具等专业岗位综合职业能力的要求编写了本书。

我们按照“工学结合”人才培养模式的基本要求，通过深入企业调研，认真分析数控技术应用、模具等专业工作岗位的典型工作任务，以工字冲裁模模板的孔加工、型芯零件加工、型腔零件加工等为载体，将企业典型工作任务转化为具有教学价值的项目。其中，工字冲裁模模板的孔加工，既可以很好地培养操作者的数控铣床操作基础技能，又是数控铣床加工的基本任务；型芯零件的加工，既可以作为数控铣床进阶的学习任务，又结合了模具专业的特点，可以满足模具专业的使用需求；型腔零件的加工是对数控铣床操作技能的提升，对加工工艺及操作技能都有更高的要求；综合知识扩展，为操作者提供了与刀具、复杂零件程序快速编制相关的参考资料，是对数控编程的有力补充。学习者在完成任务的过程中，既能学习机械加工、数控铣床操作、数控程序编制等重要的专业基础知识和技能，又能培养综合职业能力。

本书由陈洁训主编，他还负责了全书的统稿工作。本书的项目一、项目三和综合知识扩展二由陈洁训、赵伟宜共同编写；项目二、综合知识扩展一由李南华、卢葵共同编写；附录中部分资料及文中所有数据、图表、参数由曾燕玲、文新育、周建颖、甘永建、于志良共同编写。

本书由韶关市技师学院岳永胜审稿，他提出了许多宝贵意见和建议，在此对他深表感谢。在本书的编写过程中参阅了相关的教材和资料，在此对相关作者表示感谢。

由于编写水平有限且时间较为仓促，书中难免有不足之处，敬请读者批评指正。

编　者

目 录

前言
项目一 工字冲裁模模板的孔加工 …… 1
任务一 安全操作规程及数控铣床认知 …… 2
任务二 计划与实施 …… 18
任务三 工件检验与误差分析 …… 31
任务四 总结与评价 …… 33
项目二 型芯零件加工 …… 36
任务一 正反面对刀 …… 37
任务二 确定计算加工参数 …… 40
任务三 计划与实施 …… 42
任务四 工件检验与误差分析 …… 45
任务五 总结与评价 …… 47
项目三 型腔零件加工 …… 52
任务一 高速切削加工概念 …… 53
任务二 CAM 软件的后置设置 …… 56
任务三 计划与实施 …… 65
任务四 工件检验与误差分析 …… 68
任务五 总结与评价 …… 71
项目四 综合知识扩展 …… 76
综合知识扩展一 桁架机械手的操作与应用 …… 76
综合知识扩展二 数控铣削变量手工编程实例 …… 93
孔类的加工——啄式钻孔（排屑） …… 94
平面的加工——平面铣削、矩形外轮廓加工、矩形内轮廓加工 …… 96
倒角的加工——单面任意角度倒角加工一（刀心对刀、球头立铣刀）、单面任意角度倒角加工二（平头立铣刀）、矩形轮廓任意角度外倒角加工（刀尖对刀、球头立铣刀）、矩形轮廓角位变半径外倒角加工、矩形任意角度内倒角加工（刀尖对刀、球头立铣刀）、外圆锥台倒角加工（刀尖对刀）、内圆锥孔加工（刀尖对刀、自下而上）、外曲面圆弧倒角加工一（刀心对刀）、外曲面圆弧倒角加工二（平头立铣刀）、内曲面圆弧倒角加工一（刀心对刀）、内曲面圆弧倒角加工二（平头立铣刀）、卧式半圆锥加工 …… 99

球面的加工——内圆球面加工一（刀心对刀、自下而上）、内圆球面加工二（刀心对刀、自上而下）、外圆球面加工一（刀心对刀、自下而上）、外圆球面加工二（刀心对刀、自上而下）、外圆球面加工三（刀心对刀、自下而上）、半圆球面螺旋加工（刀心对刀、自下而上）…… 111

椭圆的加工——椭圆型腔精加工（圆弧进刀）、外椭圆精加工、*ZX*平面椭圆柱面加工、外椭圆曲面加工（刀心对刀无刀补、自下而上）、椭圆凹槽加工（刀尖对刀）、部分椭圆加工 …… 117

螺纹孔的加工——平面螺旋扩孔（先钻底孔）、通用螺纹铣削宏程序 …… 123

附录 …… 126

附录 A　硬质合金参数的标识方法 …… 126

附录 B　常用刀具材料可切削加工的主要工件材料 …… 129

附录 C　各种加工表面对应刀具的选择参考表 …… 129

附录 D　FANUC 系统指令 …… 129

附录 E　SIEMENS 系统指令 …… 133

附录 F　FANUC 与 SIEMENS 系统指令的区别 …… 136

参考文献 …… 138

项目一 工字冲裁模模板的孔加工

Project 1

知识目标

通过数控铣床结构及功能认知学习任务的学习能够：

1. 叙述车间管理规程及数控铣床操作规程。
2. 叙述数控铣床各部分的名称、作用和数控机床的工作原理。
3. 叙述数控系统操作面板按钮及机床控制按钮的名称和作用。
4. 正确区分坐标轴及正负方向，可通过手动或手轮移动坐标轴到指定的位置。

技能目标

1. 能够校正机用虎钳，并正确装夹工件。
2. 能够手动装、卸刀具，铣削平面。
3. 以小组合作的形式，按照设备操作流程，对工件进行对刀和分中。
4. 能够正确选择刀具及加工参数，按工艺步骤完成工件的加工任务。
5. 在完成任务后，检测工件精度，做好设备、场地清洁与设备保养等相关工作。

建议课时

120 课时。

任务描述

某公司委托我单位加工一批模具。经过工艺部门研究，由于模板上孔的位置精度要求较高，故安排在数控铣岗位加工，具体要求及尺寸如图 1-1 所示。请你根据图样要求完成该模板的加工。

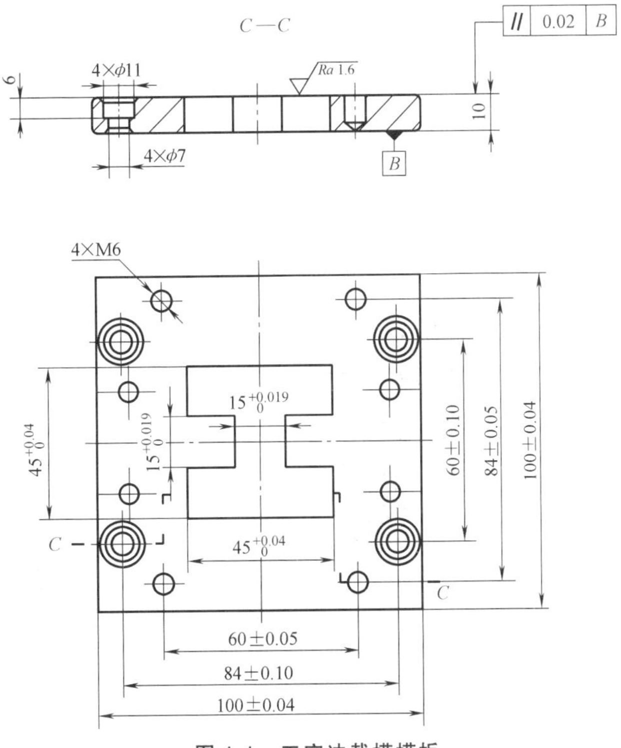

图 1-1 工字冲裁模模板

任务一　安全操作规程及数控铣床认知

学习目标：

1. 识别设备，了解相关技术资料。
2. 了解数控铣床的组成结构与典型部件，并掌握技术参数设置方法。
3. 了解数控铣床各部分的功能，并能按照使用手册正确操作起动设备。
4. 能正确装拆刀具。
5. 能够利用资料，掌握设备基本操作。

建议课时：24 课时。

引导问题：

在生产加工中，除简单的零件加工外，还有部分结构复杂或精度要求高的零件，采用普通铣床无法加工或加工困难，我们可以采用数控铣床进行加工。那么，数控铣床是由哪些部分组成的？

学习过程：

一、数控铣床的整体结构

1）布置任务：在数控铣实训室，通过资料查阅、网络搜索等手段，了解数控原理和数控铣床的结构及其具体功能。分组完成任务，每组 4~6 人。

请查阅数控铣床的各种说明手册及登录专业网站了解更多信息。

http：//www. busnc. com/prog/che/数控工作室

http：//www. c-cnc. com/gq/mlist. asp？ id=4 中国数控机床网

2）结合图 1-2 说明数控铣床的种类，简单解释各类数控铣床的名称及特点并填入表 1-1中。

3）查阅资料，指出图 1-3 中所示数控铣床类型，比对实训室中的数控铣床，标注图中各主要部分的名称并阐述其功能。

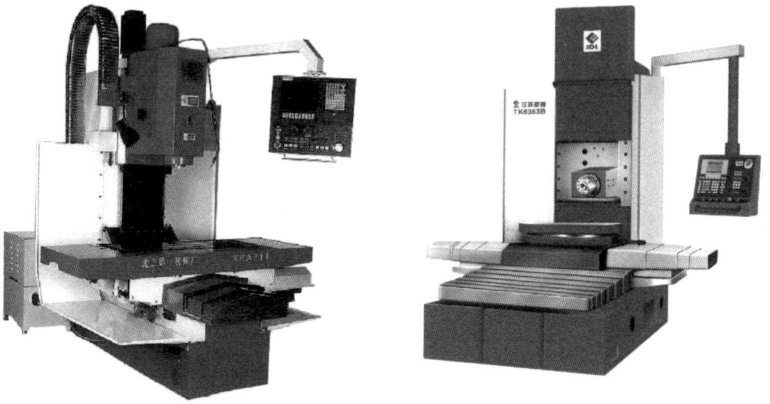

图 1-2　各类数控铣床

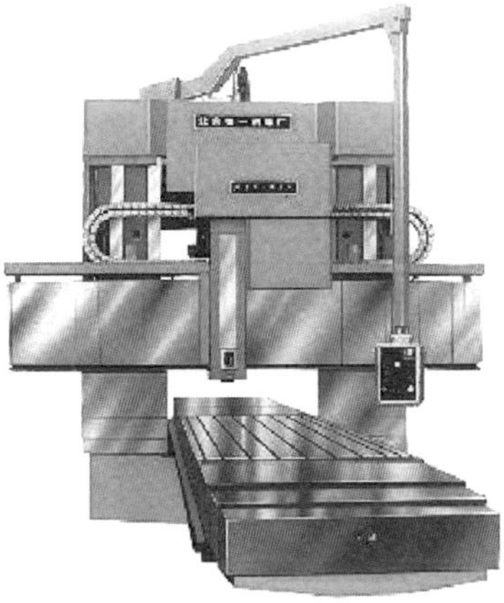

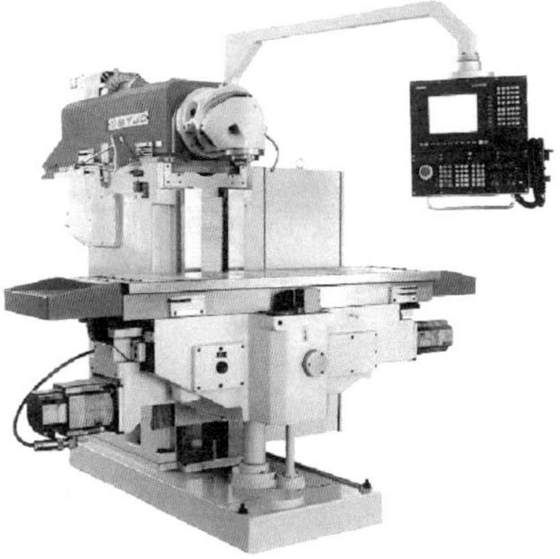

图 1-2　各类数控铣床（续）

表 1-1　各类数控铣床的名称及特点

序号	数控铣床的名称	特点	备注

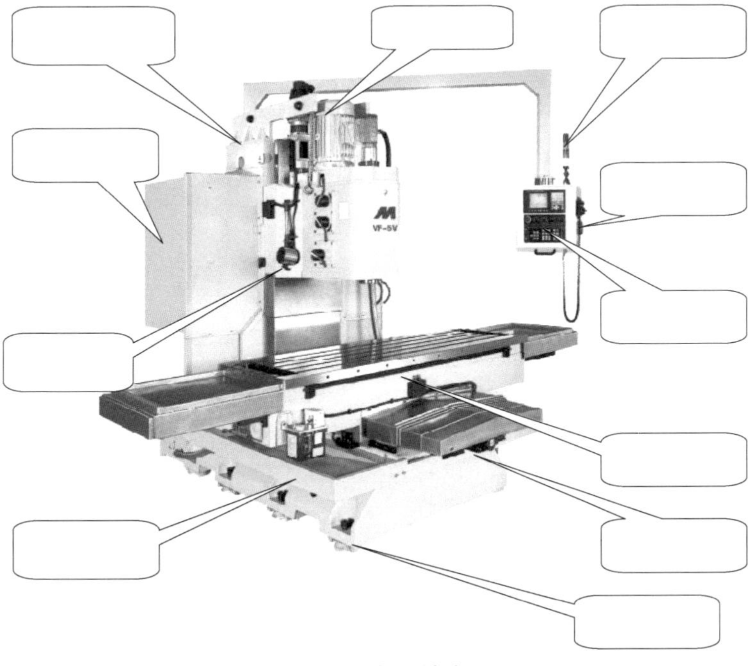

图 1-3　数控铣床

数控铣床一般由床身、数控系统、主轴传动系统、进给伺服系统、冷却润滑系统几大部分组成。

① 床身：数控铣床上用于支承和连接若干部件，并带有导轨的基础零件。

② 数控系统：数控机床的核心，它接收输入装置送来的脉冲信号，经过数控装置的系统软件或逻辑电路进行编译、运算和逻辑处理后，输出各种信号和指令来控制机床的各个部分，进行规定的、有序的动作。

③ 主轴传动系统：用于装夹刀具并带动刀具旋转。主轴转速范围和输出转矩对加工有直接的影响。

④ 进给伺服系统：由进给电动机和进给执行机构组成，按照程序设定的进给速度实现刀具和工件之间的相对运动，包括直线进给运动和旋转运动。

⑤ 冷却润滑系统：其在机床整机中占有十分重要的位置，不仅具有润滑作用，而且还具有冷却作用，以减小机床热变形对加工精度的影响。冷却润滑系统的设计、调试和维修保养，对于保证机床加工精度、延长机床使用寿命等都具有十分重要的意义。

根据上述数控铣床的结构图，结合现有数控铣床，找出相应的结构并记录（在对应项目的括号中打“√”）。

1. 床身（ ）	2. 工作台（ ）	3. 防护门（ ）	4. 操作系统（ ）
5. 冷却油箱（ ）	6. 主轴（ ）	7. 强电柜（ ）	8. 总开关（ ）
9. 润滑油箱（ ）	10. 稳压电源（ ）	11. 手轮（ ）	12. 急停开关（ ）

引导问题：

为了保护操作人员的安全以及设备安全，保证产品加工稳定、可靠，维持正常的生产秩序，在操作数控铣床进行产品加工过程中要注意哪些问题？

二、认真阅读下列“数控铣床安全操作规程”并完成工作页

1）操作者必须熟悉数控铣床使用说明书和数控铣床的一般性能、结构，严禁超性能使用。

2）工作前穿戴好个人的防护用品，长发（男女）职工戴好工作帽，将头发压入帽内，切削时关闭防护门，严禁戴手套。

3）开机前要检查润滑油是否充裕、切削液是否充足，发现不足应及时补充。

4）开机时先打开数控铣床电气柜上的电气总开关。

5）按下数控铣床控制面板上的“ON”按钮，启动数控系统，等自检完毕后进行数控铣床的强电复位。

6）手动返回数控铣床参考点。先返回+Z方向，再返回+X方向和+Y方向。

7）手动操作时，在X轴、Y轴移动前，必须确保Z轴处于安全位置，以免撞刀。

8）数控铣床出现报警时，要根据报警号，查找原因，及时排除警报。

9）更换刀具时应注意操作安全。在装夹刀具时应将刀柄和刀具擦拭干净。

10）在运行程序前，必须认真检查程序，确保程序的正确性。在操作过程中必须集中注意力，谨慎操作。在运行过程中，一旦发生问题，及时按下循环暂停按钮或紧急停止按钮。

11）加工完毕后，应把刀架停放在远离工件的换刀位置。

12）实习学生在操作时，旁观的同学禁止触动控制面板上的任何按钮、旋钮，以免发生意外及事故。

13）严禁任意修改、删除机床参数。

14）生产过程中产生的废润滑油和切削液，要集中存放到废液标识桶中，倾倒过程中防止滴漏到桶外，严禁将废液倒入下水道污染环境。

15）关机前，应使刀具处于安全位置，把工作台上的切屑清理干净，把机床擦拭干净。

16）关机时，先关闭系统电源，再关闭电气总开关。

17）做好机床清扫工作，保持清洁，认真执行交接班手续，填好交接班记录。

阅读上述操作规程，判断下列说法是否正确（正确的打“✓”，错误的打“×”）

1）因为操作机床时切屑有可能弄伤手，所以要戴手套操作。（　　）

2）手动返回参考点时，不用考虑 *X*、*Y*、*Z* 三轴的顺序。（　　）

3）调机人员在允许的情况下可以修改机床的相关参数。（　　）

4）每班结束后，都要认真清理机床，按要求关闭机床，做好交接班工作。（　　）

引导问题：

大家都知道，普通铣床需要用手动的方式移动刀具来完成加工，而数控铣床是通过数控系统、伺服系统、传动系统共同配合来完成操作加工的。那么数控铣床操作与普通铣床有何不同？数控铣床的数控系统是怎样的？有哪些操作方式？

三、数控铣床操作

1. 开机操作

1）开机前需要检查机床润滑油箱中的润滑油是否加满，如图 1-4 所示。这是确保机床一天正常运行，保证机床运行良好及加工精度的前提条件。请先检查，若不够，请加满至 MAX 刻度线，并检查机床是否悬挂维修指示牌。

2）请合上总电源开关，如图 1-5 所示，这个开关通常在机床后面的墙上，并藏于铁盒配电箱中，机床配备的电源是三相四线 380V 的，一定要注意安全，防止触电！

图 1-4　润滑油箱

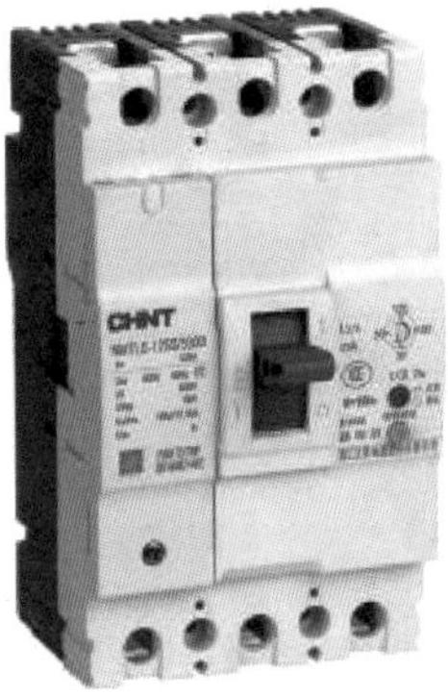

图 1-5　电源开关

3）旋合机床主电源旋钮开关，如图 1-6 所示，该开关通常在机床的背后或侧面，是接通机床高压部分的电源。这时，应注意听机床电动机、配电箱等是否有异响，判断机床是否有故障；或机床电气柜排气扇是否正常工作，过滤网是否有灰尘，如果有请拆下清洁后重新装回。

4）接通机床面板电源开关，如图 1-7 所示，这些开关都在机床正面的数控系统操作面板上，一般是红色和绿色为一组的圆形或方形按钮。按下后，按钮里的灯会常亮，这是接通机床操作系统弱电的开关，使数控机床的“大脑”进入工作状态；液晶屏幕会显示出相应的字，据此应该能判断按什么颜色的按钮！

5）急停开关如图 1-8 所示，也称“蘑菇头”开关，很形象，应该不难找到。按开关上箭头方向旋转就可打开，按下就会切断电源，它的作用是接通或切断控制系统的电源。在操作中遇到紧急事情时可按下，防止事故发生，在关机前，通常也需按下，确保机床安全。所以，开机操作前也需打开，但需等机床操作系统正常工作后才能打开！

图 1-6　旋钮开关

图 1-7　面板电源开关

图 1-8　急停开关

6）这时，在数控系统屏幕上还有一个闪动的符号，这表示系统已顺利进入待加工状态，但之前急停开关触动的报警还未解除，需按复位键解除报警（图 1-9）！

图 1-9　复位键

至此，机床已按正常操作规程顺利起动，想一想，如果关机，操作的过程又是如何？

2. **回参考点**（部分型号系统的机床不需此步骤）

1）进入回参考点模式：系统启动之后，机床将自动处于“回参考点”模式，在其他模式下，依次单击按钮 M 和 进入“回参考点”模式（图 1-10、图 1-11）。

注意：“回参考点”只有在“回参考点”模式下才可以进行。

2）回参考点操作步骤：

① *Z* 轴回参考点：单击按钮 +Z，*Z* 轴将回到参考点，回到参考点之后，*Z* 轴的回零指示灯将从 ○ 变为 ◕。

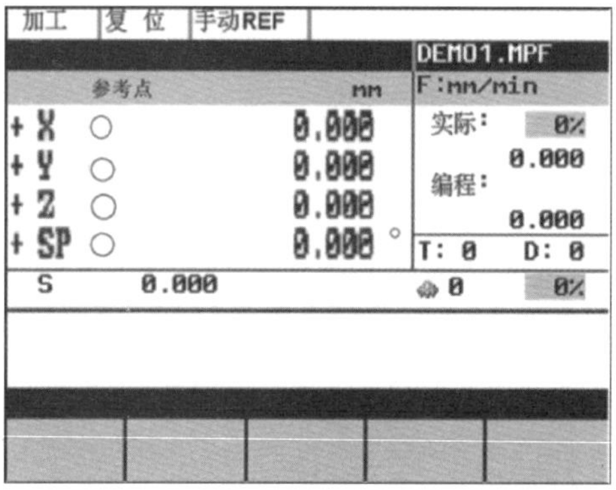

图 1-10　机床回参考点前 CRT 界面

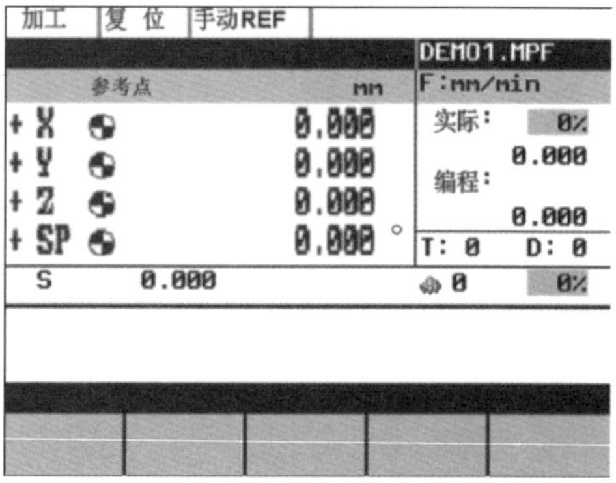

图 1-11　机床回参考点后 CRT 界面

② X 轴回参考点：单击按钮 +X ，X 轴将回到参考点，回到参考点之后，X 轴的回零指示灯将从变为。

③ Y 轴回参考点：单击按钮 +Y ，Y 轴将回到参考点，回到参考点之后，Y 轴的回零指示灯将从变为。

按坐标轴方向键，如果选择了错误的回参考点方向，则相应坐标轴不会产生运动。将每个坐标轴逐一回参考点。也可以按预先设定好的“用户自定义键”回参考点（如 K12 等），通过选择另一种运行方式（如 MDA、AUTO 或 JOG）可以结束该功能。

注意：

1）回参考点前，请确认工作台所停位置在回参考点的行程开关以内！

2）回参考点后，请在 JOG 状态下把工作台移回中间位置，注意与回参考点方向相反！

3. 面板按键说明

（1）西门子 802S 操作系统面板（图 1-12）

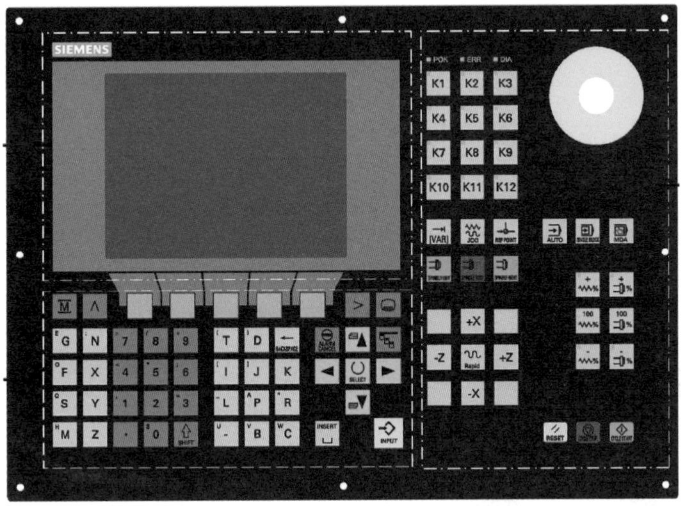

图 1-12　西门子 802S 操作系统面板

1）操作面板及各功能键如图 1-13 所示。

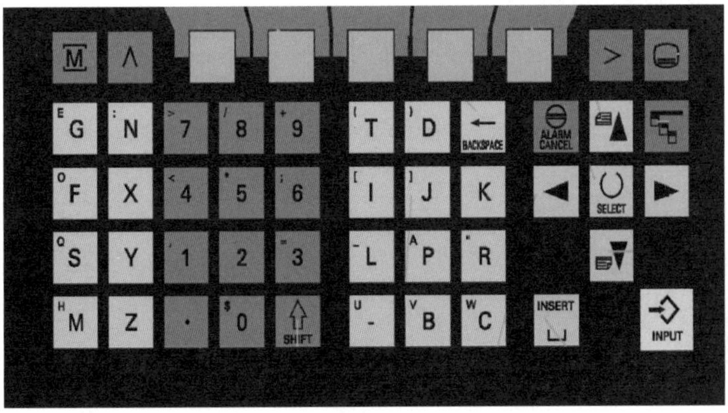

图 1-13　操作面板及各功能键介绍

软菜单键
M
加工显示
返回键
菜单扩展键
区域转换键
光标向上键
上档：向上翻页键
光标向左键
删除键(退格键)
$ 0
+ 9
数字键
上档键转换对应字符
垂直菜单键
报警应答键
选择/转换键
回车/输入键
上档键
光标向下键
上档 ： 向下翻页键
光标向右键
INS
空格键(插入键)
U
Z
字母键
上档键转换对应字符

图 1-13　操作面板及各功能键介绍（续）

2）控制面板及各功能键如图 1-14 所示。

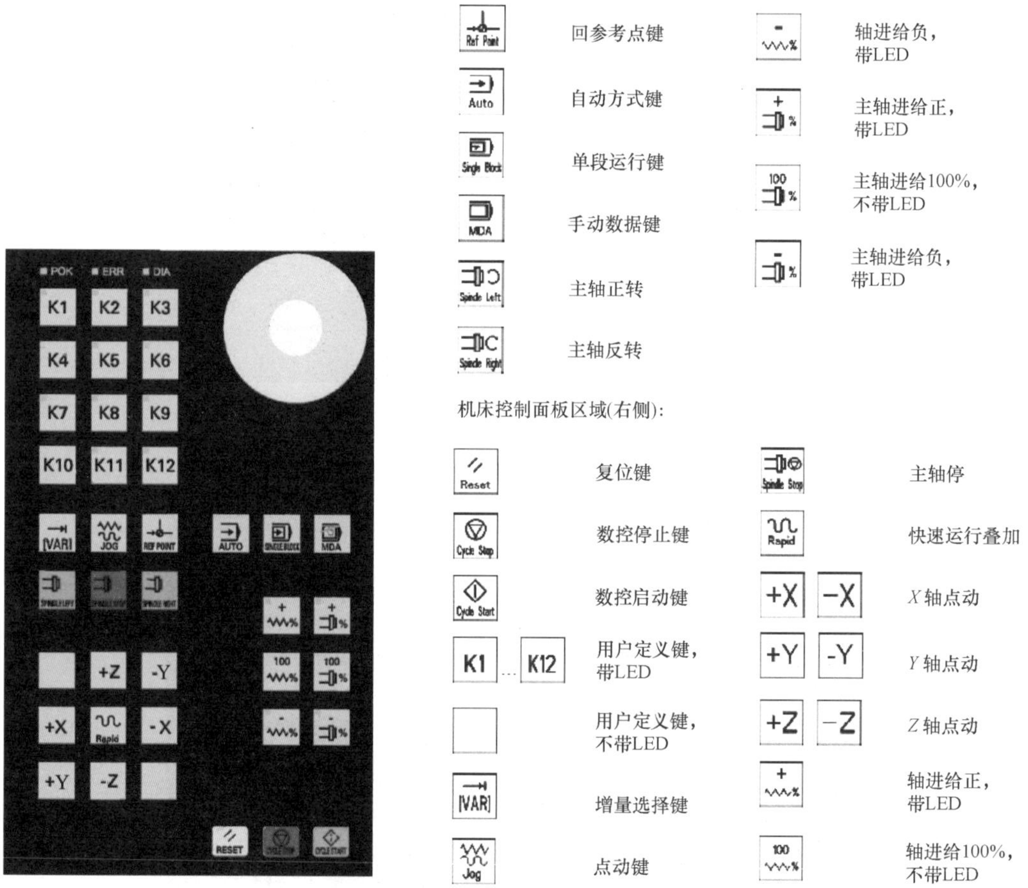
POK
ERR
DIA
K1
K2
K3
K4
K5
K6
K7
K8
K9
K10
K11
K12
VAR
JOG
REF POINT
AUTO
SINGLE BLOCK
MDA
+Z
-Y
+X
Rapid
-X
+Y
-Z
RESET
Ref Point
回参考点键
Auto
自动方式键
Single Block
单段运行键
MDA
手动数据键
Spindle Left
主轴正转
Spindle Right
主轴反转
轴进给负，
带LED
主轴进给正，
带LED
100
主轴进给100%，
不带LED
主轴进给负，
带LED
机床控制面板区域(右侧)：
Reset
复位键
Cycle Stop
数控停止键
Cycle Start
数控启动键
K1 … K12
用户定义键，
带LED
用户定义键，
不带LED
VAR
增量选择键
Jog
点动键
Spindle Stop
主轴停
Rapid
快速运行叠加
+X
-X
X 轴点动
+Y
-Y
Y 轴点动
+Z
-Z
Z 轴点动
轴进给正，
带LED
100
轴进给100%，
不带LED

图 1-14　控制面板及各功能键

3）控制器中的基本功能如图 1-15 所示。

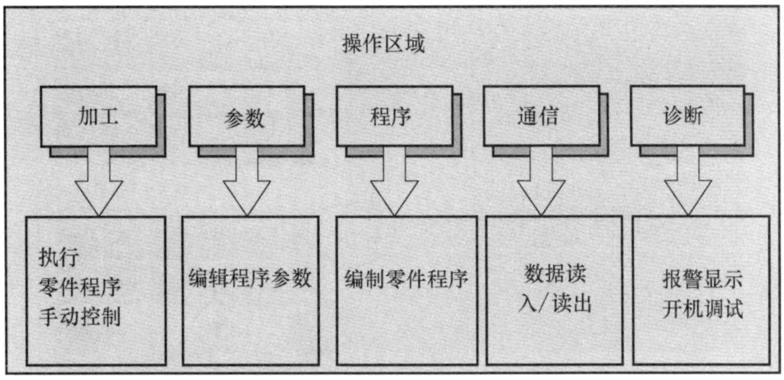

图 1-15 基本功能

4）操作“加工显示”键 M 可直接进入加工操作区，各软键子功能如图 1-16 所示。

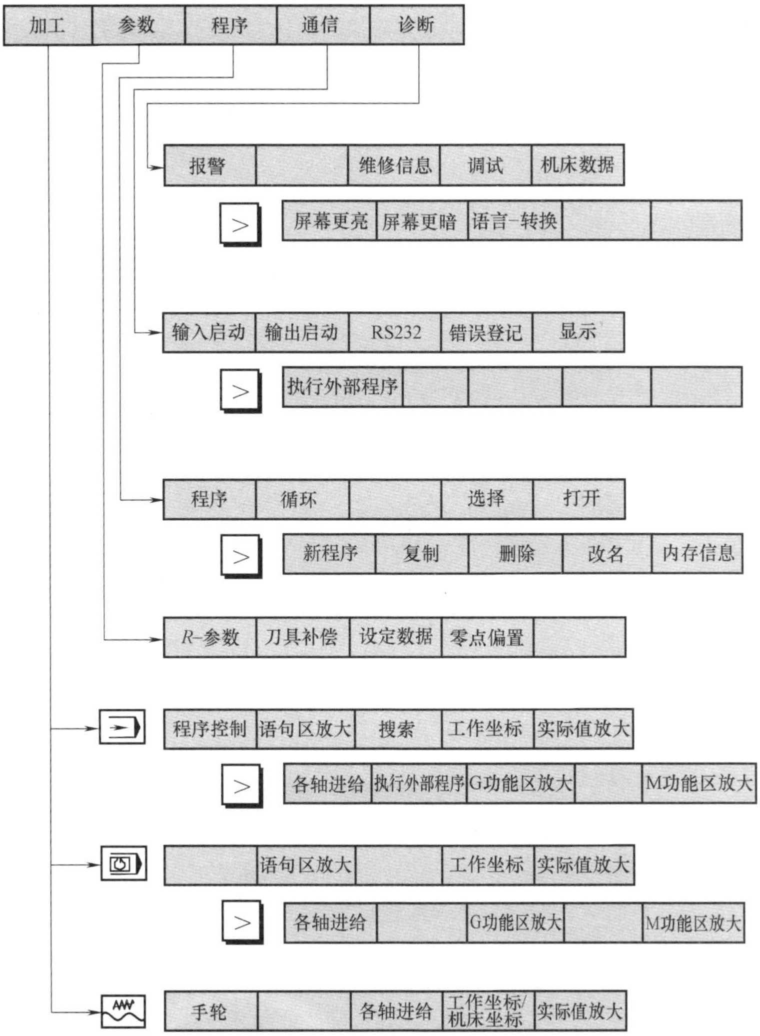

图 1-16 软键子功能

（2）FANUC 0*i* 操作系统面板（图 1-17）

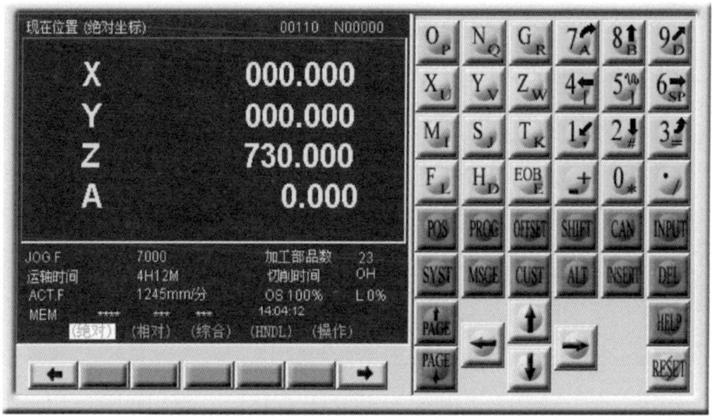

图 1-17　FANUC 0*i* 操作系统面板

1）操作面板如图 1-18 所示。

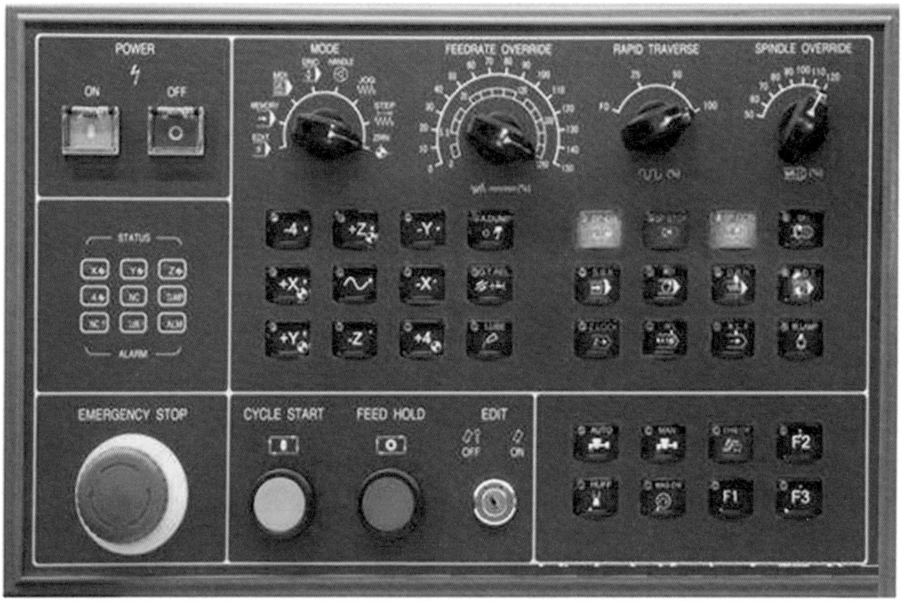

图 1-18　操作面板

2）FANUC 0*i* 控制面板按键说明见表 1-2。

表 1-2　FANUC 0*i* 控制面板按键说明

		软菜单键	
	返回键		菜单扩展键
	字母键		数字键
	光标向左键		光标向上键

（续）

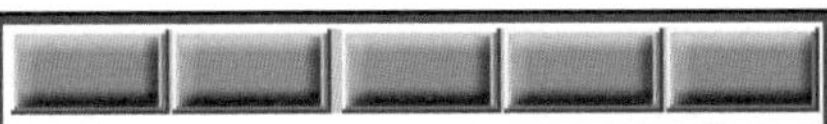		软菜单键	
	光标向右键		光标向下键
↑ PAGE	上翻页键	PAGE ↓	下翻页键
POS	位置	PROG	程序
OFFSET	刀补	SYST	参数
RESET	复位键	用于使数控机床复位或取消报警等	
INPUT	输入键	用于输入工件偏移值、刀具补偿量和参数	
CAN	取消键	用于删除最后一个进入输入缓存区的字符或符号	
INSERT	插入键	用于程序编辑（插入、替换、删除）	
ALT	替换键		
DEL	删除键		
	编辑方式		自动方式
	录入方式		回零方式
	手轮/单步方式		手动方式
	进给保持按钮		自动循环启动按钮
X 1　X 10　X 100　X 1000		单步/快速进给倍率选择按钮	
	主轴正转	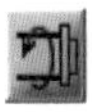	主轴反转
	主轴停止		快速进给按钮
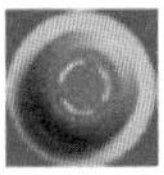	急停止按钮	X轴回零　Y轴回零　Z轴回零	面板指示灯：已返回零点轴的指示灯亮，移出零点后灭灯
X	*X* 轴选择键		电源起动按钮
Z	*Z* 轴选择键	Y	*Y* 轴选择键

3）屏幕软键说明如图 1-19 所示。

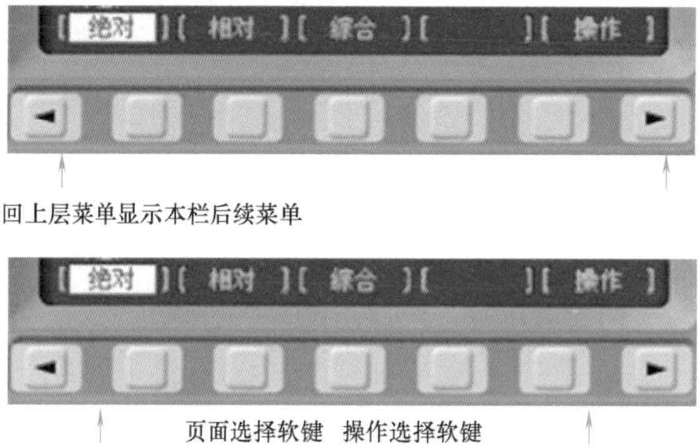

图 1-19 屏幕软键

模式选择、进给倍率、主轴倍率和快速倍率的旋钮如图 1-20～图 1-23 所示。

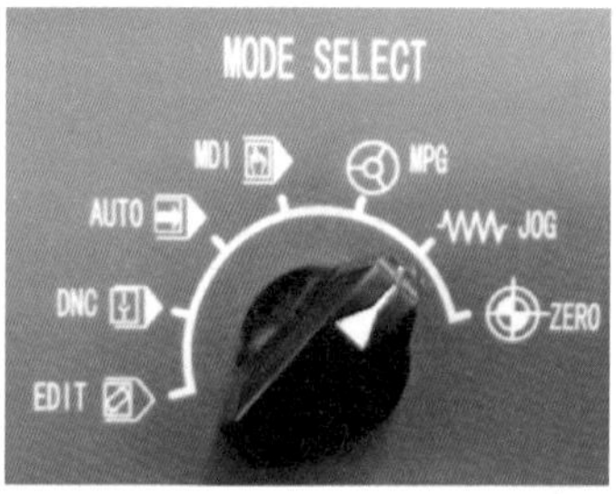

图 1-20 模式选择

图 1-21 进给倍率

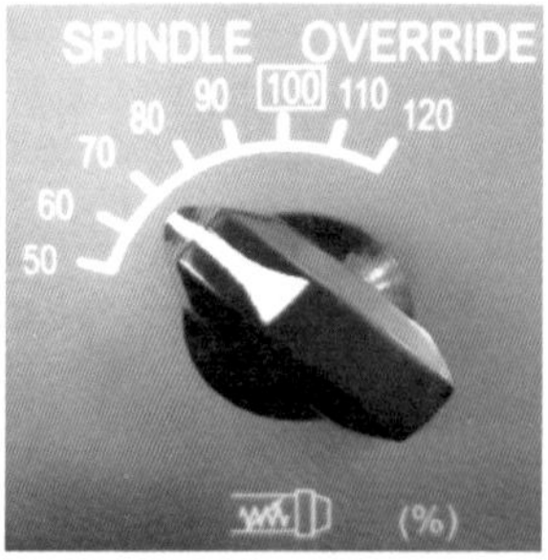

图 1-22 主轴倍率

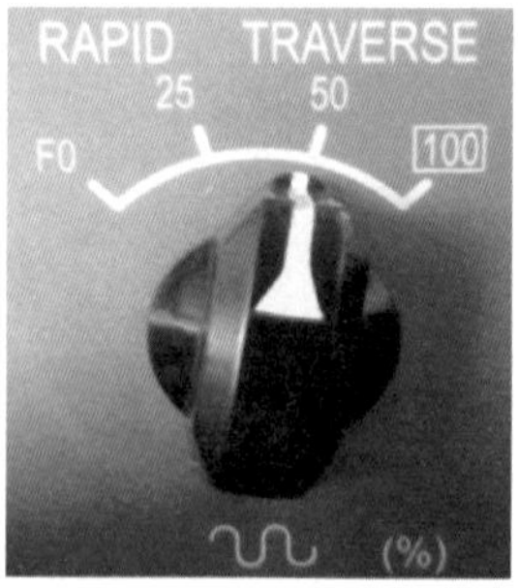

图 1-23 快速倍率

练习

1）请在 MDI 方式下输入“M03 S300”并按“运行”键起动主轴；再按“复位”键停止。

2）在“增量选择”状态下，分别按 *X* 轴、*Y* 轴、*Z* 轴的点动键，把三轴的当前坐标值移为任意整数值。注意：“增量选择”键每次按下后，点动倍率会有所不同，最大移动值为 0.1mm，最小移动值为 0.001mm。

思考

1）机器运行中，遇到紧急事件，要立即停止时，需按下什么按钮？
2）使用手轮进行进给时，需按下什么按钮？
3）机器运行中，要降低主轴转速时，需调节什么按钮？
4）错误输入程序后，需删除之前输入的代码时，需按下什么按钮？
5）需要系统复位时，需按下什么按钮？

4. 数控铣床用刀柄

自紧式钻夹头（图 1-24）的三个夹紧爪是尖爪，与钻头为线接触。加工时，钻头旋转方向与夹紧方向相反，从而实现自动夹紧，装拆钻头时无须借助扳手等夹紧工具，只需用手夹紧或松开即可。

图 1-24 自紧式钻夹头

使用铣刀夹头（也称“刀柄”）将刀具旋入筒夹外环顺时针旋转，使外环轴向移动，从而产生径向力作用在主体的圆锥上，使主体圆锥产生弹性变形，以减小夹持孔径，夹紧刀具，如图 1-25、图 1-26、图 1-27 所示。

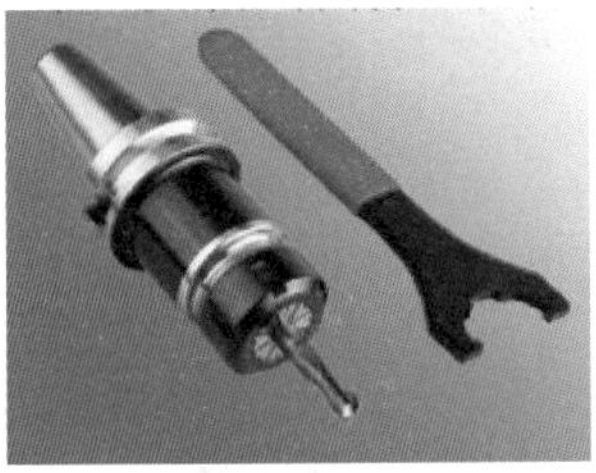

图 1-25 BT40-ER 型铣刀夹头

图 1-26 BT40-OZ 型铣刀夹头

图 1-27 强力型铣刀夹头

根据使用场合不同，铣刀夹头有多种分类方式：

◆按锁紧方式：

旋合式、侧固式、液压式、热固式。

◆按加工方式：

普通式、强力式。

◆按切削速度：

低速式、高速式、超高速。

◆按加工精度：

普通式、精密式、超精密式。

拉钉（图 1-28）：安装在铣刀夹头顶部，是用于连接机床传动轴与铣刀夹头的连接器，通常有 A/B 两种型号，且刀柄规格不同，拉钉的尺寸规格也相应有所不同。

筒夹（图 1-29）：刀具上的夹持部分，铣刀夹头与刀具连接的工具。筒夹材料为：65Mn 钢。

规格有：ER 系列筒夹、ST 直柄/C 型/强力型、OZ 型系列筒夹、SK 系列/SD 系列筒夹、TG 系列筒夹。

锁刀座（图 1-30）：锁刀座又叫作 BT 刀轴锁刀座或立横两用 BT 刀轴锁刀座，是用于数控机床刀柄锁定的一种机床附件。

图 1-28　拉钉

图 1-29　筒夹

图 1-30　锁刀座

锁刀座特征：

1）操作简单，可以很容易地锁定刀具。

2）可以在立式、横式两种状态下使用。

3）无须调整角度即可使用。

4）置刀架使用铝合金材质，保护刀柄。

刀具锁紧扳手（图 1-31）：刀具锁紧扳手，是一种常用的装夹与拆卸工具。常用碳素结构钢或合金结构钢制造。

数控铣床刀具（图 1-32）：数控铣床刀具是指能对工件进行切削加工的工具。数控铣床使用的刀具主要有铣削用刀具和孔加工用刀具两大类。铣削刀具主要用于铣削面轮廓、槽面、台阶等。

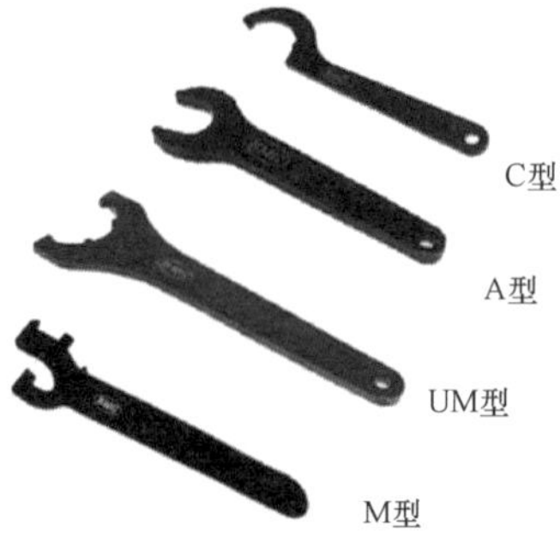

图 1-31　扳手

图 1-32　数控铣床刀具

装夹刀具要求：

1）选择规格与刀具匹配的筒夹装夹铣刀。

2）铣刀装夹后刀柄应伸出筒夹一个刀具直径的长度。

3）在锁刀座上装拆刀具时请注意人身安全及合适的锁紧力。

4）刀柄装夹在主轴前，应先用压缩空气将刀柄清洁干净。

5）通过主轴前端或侧端的气动按钮松开主轴内拉爪，装夹刀柄后再按气动按钮锁紧刀柄，完成装刀。

6）注意拆刀时，握刀柄的手不可下拉，防止在主轴气压作用力下使刀具产生向下冲的危险，避免刀具或手撞到工作台出现安全事故！

思考

1）请思考装拆刀具过程中，还应注意哪些安全操作问题？

2）你所在学校数控铣床用的刀柄型号为________；你所在的数控铣床用的刀柄型号为________，刀柄长度为________，弹簧夹套型号为________。

3）“BT-40”的含义为________。

5. 坐标系的设定规则

1）数控铣床的机床坐标系。

笛卡儿坐标系（图 1-33）只表明了六个坐标之间的关系，而对于数控机床坐标方向的判断则有如下规定：

原则 1：机床中使用顺时针方向的直角坐标系。

原则 2：机床中的运动是指刀具和工件之间的相对运动。

2）编程坐标系，又称工件坐标系 WCS，如图 1-34 所示。

编程坐标系是编程人员根据零件图样及加工工艺等在工件上建立的坐标系，是编程时的坐标依据，又称工件坐标系，数控程序中的所有坐标值都是假设刀具的运动轨迹点在工件坐标系中的位置。确定编程坐标系时不必考虑工件毛坯在机床上的实际装夹位置。

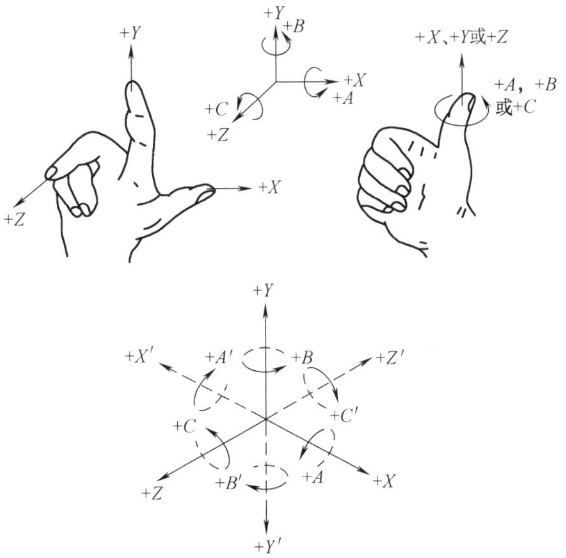

图 1-33　右手笛卡儿坐标系

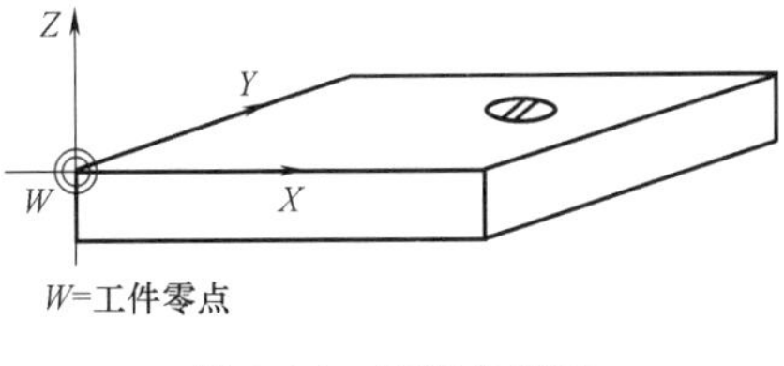

图 1-34　编程坐标系

3）编程原点选择原则：

原则 1：编程原点应尽量选择在零件的设计基准或工艺基准上。

原则 2：尽量选择便于对刀的位置。

4）机床坐标系（MCS）。机床参考点是机床位置测量系统的基准点，用于对机床运动进行检测和控制的固定位置点。

机床坐标系如何建立取决于机床的类型，它可以旋转到不同的位置。机床坐标系的原点定在机床零点，它也是所有坐标轴的零点位置。该点仅作为参考点，由机床生产厂家确定

（图 1-35）。

5）工件坐标系与机床坐标系的关系（图 1-36）。

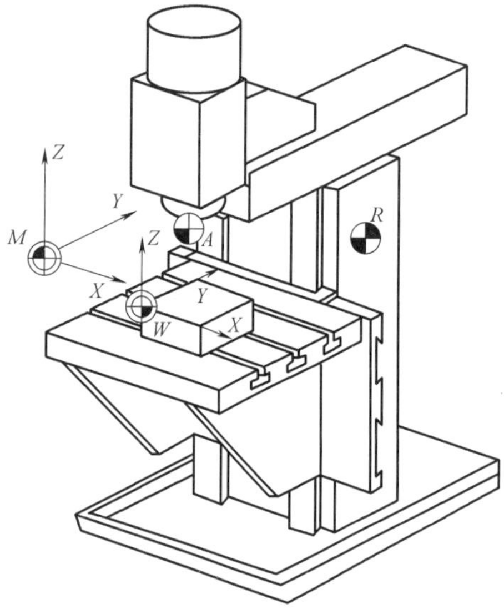

图 1-35　机床坐标系与工件坐标系

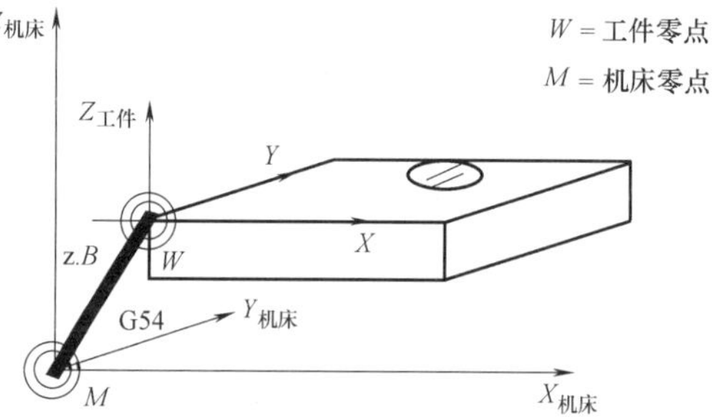

图 1-36　机床坐标系与工件坐标系的关系

机床坐标系是机床运动控制的参考基准，而工件坐标系是编程时的参考基准。工件坐标系建立在工件上，在加工时通过对刀手段确定工件零点与机床零点的位置关系，将工件坐标系与机床坐标系建立关联关系。由此在坐标轴上产生机床零点与工件零点的坐标值偏移量，该值作为可设定的零点偏移量输入到给定的数据区。当数控程序运行时，此值就可以用一个编程的指令（比如 G54）选择。

在面向机床正面的情况下请判断：

① 固定在工作台的工件向左移动，是向轴的什么方向移动？

② 向轴的什么方向移动，会使刀具向上移动？

③ 主轴向下移动，是向轴的什么方向移动？

④ 向轴的什么方向移动，会使刀具向左移动？

⑤ 固定在工作台的工件向身边靠近，是向轴的什么方向移动？

⑥ 刀具向远离自己的方向移动，是向轴的什么方向移动？

填写完毕，请到机床上验证！

6. 手轮的类型（图 1-37）

手轮全称为手动脉冲发生器，又称光电编码器，主要用于立式加工中心、卧式加工中心、龙门加工中心等数控设备，其造型新颖，移动方便，抗干扰、带载能力强；全塑料外壳，绝缘强度高，防油污密封设计；具备 X1、X10、X100 三档倍率，可实现 4 轴倍率切换；具备控制开关、急停开关，人性化设计，便于操作。功能上可替代数控机床上“点动运行”开关“增量选择”键及“方向运动选择”键。但其稳定性劣于数控系统上的按键功能。

在操作手轮时，应首先判断机床的有效行程，防止因操作失误导致工作台超程而引起不必要的设备故障，增加维修工作！

图 1-37　手轮的类型

手轮在操作上有多种要求，操作前请一一了解，掌握正确的操作方式！

练习

1）把工作台向左移动 3mm。

2）把刀具向靠近自己的方向移动 10.02mm。

3）把工作台向自己方向移动 8.5mm。

4）把刀具降低 6.78mm。

以上练习你都能分别一次性正确完成吗？如果错误，请加强再次练习！

思考

1. 数控铣削加工除了具有普通铣床加工的特点外，还有如下哪些特点？(在你认为对的项后面打“✓”)

1）零件加工的适应性强、灵活性好，能加工轮廓形状特别复杂或难以控制尺寸的零件，如模具类零件、壳体类零件等。（　）

2）能加工普通机床无法加工或很难加工的零件，如用数学模型描述的复杂曲线零件以及三维空间曲面类零件。（　）

3）能加工一次装夹定位后，需进行多道工序加工的零件。（　）

4）加工精度高，加工质量稳定可靠。（　）

5）自动化程度高，可减轻操作者的劳动强度，利于生产管理自动化。（　）

6）生产效率高。（　）

7）能够加工涡轮叶片等高难度零件。（　）

2. 下面哪些类型的工件适合于铣削加工？(在你认为对的项后面打“✓”)

1）平面类零件	（　）	4）轴类零件	（　）
2）曲面类零件	（　）	5）箱体类零件	（　）
3）变斜角类零件	（　）	6）螺旋桨	（　）

3. 数控铣床的主要功能有哪些？（在你认为对的项后面打“√”）

1）具有点位控制功能、连续轮廓控制功能。（ ）

2）具有刀具半径自动补偿功能、镜像加工功能、固定循环功能。（ ）

3）特殊功能是指数控铣床在增加了某些特殊装置或附件后，分别具有或兼备的一些特殊功能。（ ）

4）具有刀具长度补偿功能。（ ）

5）可以对工件进行钻、扩、铰、锪和镗孔加工与攻螺纹。（ ）

本次加工所用机床是（请同学们仔细查看实习场所的数控铣床型号）__________。

其含义是________________________________。

任务二　计划与实施

学习目标：

1. 了解机床常用夹具。
2. 掌握工件粗、精加工的对刀、分中方法。
3. 能看懂生产图样、制订加工工艺步骤、编写工艺卡。
4. 正确选择检测工具，完成数控铣床的运行和调试。
5. 能够利用资料，制订合理的工作方案，通过小组合作完成指定任务。
6. 能正确进行设备维护与保养工作。

建议课时：60 课时。

引导问题：

在加工前，要做哪些准备工作？

学习过程：

一、铣床常用夹具

夹具是机械制造过程中用来固定加工对象，使之占有正确的位置，以接受加工或检测的装置。

1. 通用夹具

通用夹具是指已经标准化的，在一定范围内可用于加工不同工件的夹具。例如：自定心卡盘和单动卡盘、机用虎钳等（图 1-38、图 1-39）。这类夹具一般由专业工厂生产，其特点是适应性广，生产效率低，主要适用于单件、小批量生产。

2. 专用夹具

专用夹具是指专为某一工件的某道工序而专门设计的夹具。其特点是结构紧凑，操作迅速、方便、省力，可以保证较高的加工精度和生产效率，但设计制造周期较长，制造费用也较高。当产品变更时，专用夹具将由于无法再使用而报废。专用夹具只适用于产品固定且批量较大的生产中。

图 1-38　自定心卡盘

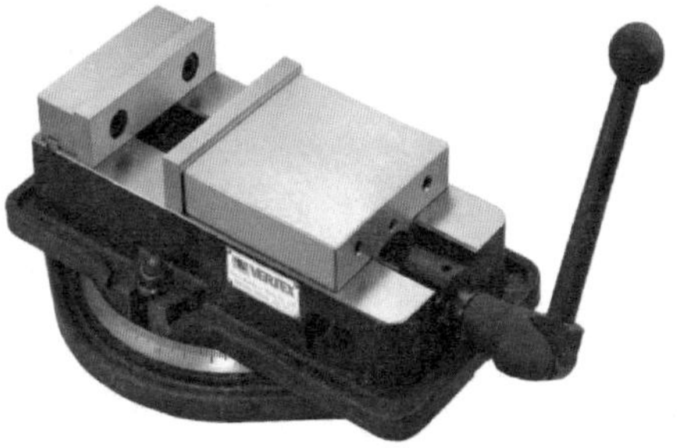

图 1-39　机用虎钳

3. 组合夹具

组合夹具是指按零件的加工要求，由一套事先制造好的标准元件和部件组装而成的夹具（图 1-40、图 1-41），由专业厂家制造。其特点是灵活多变，适用性强，制造周期短，元件能反复使用，特别适用于新产品的试制和单件小批量生产。

图 1-40　压板夹具

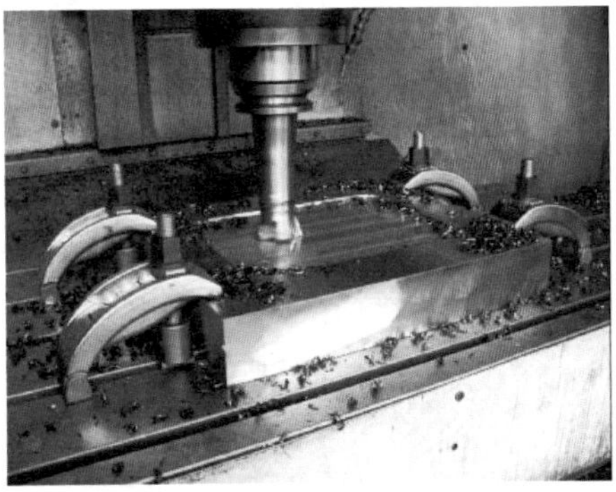

图 1-41　压板夹具在铣削加工中的应用

练习

1）机床夹具的主要功能是________与________。

2）根据六点定位原理可将工件的定位方式分为完全定位、________、欠定位和________。

3）工件定位后将其固定住，使其在加工过程中的位置保持______的操作称为夹紧。

4）工件在机床上或夹具中定位后加以夹紧的过程称为________。

5）欠定位是一种定位不足而________加工________的现象。

6）工件在加工前，先要把工件位置放准，确定工件在机床或夹具中占有正确位置的过程称为________。

7）________是违反六点定位原则的定位，在定位设计时要加以________。

8）过定位的情况较复杂，它是指定位时工件的________自由度被________定位元件重复限制的情况。

9）消除过定位通常可采取：________接触面积，修改定位元件的________，________圆柱面的接触长度等方法。

10）自由度分为与加工技术要求的________自由度和________的自由度两大类。

11）机床夹具一般由________、________、________三部分组成。

12）铣床夹具主要用于加工零件上的平面、凹槽、花键及各种成形面，是最常用的夹具之一，主要由________、________、________、________、________组成。铣削加工时，切削力较大，又是断续切削，振动较大，因此铣床夹具的夹紧力要求较大，夹具刚度、强度要求都比较高。

二、对刀

对刀操作就是设定刀具上某一点在工件坐标系中坐标值的过程。对于圆柱形铣刀，该点一般是指切削刃底平面的中心，对于球头铣刀，也可以指球头的球心。实际上，对刀的过程就是建立机床坐标系与工件坐标系对应位置关系的过程。

对刀之前，应先将工件毛坯准确定位装夹在工作台上。对于较小的工件，一般安装在机用虎钳或专用夹具上，对于较大的工件，一般直接安装在工作台上。安装时要使工件的基准方向和 *X* 轴、*Y* 轴、*Z* 轴的方向相一致，并且切削时刀具不会碰到夹具或工作台，然后将工件夹紧。

对刀是数控加工中较为复杂的工艺准备之一。对刀的好与差将直接影响到加工程序的编制及工件的公差等级。目前，随着科学技术的进步，一些企业早就开始使用先进的对刀仪器了，主要有偏心式寻边器、回转式寻边器、光电式寻边器等。这些寻边器保证了数控机床的高效、高精度特点。

常用的对刀方法是手工对刀法，一般使用刀具试切法、标准心轴或指示表分中棒等工具，更方便的方法是使用光电式分中棒（图 1-42～图 1-45）。

图 1-42　偏心式分中棒

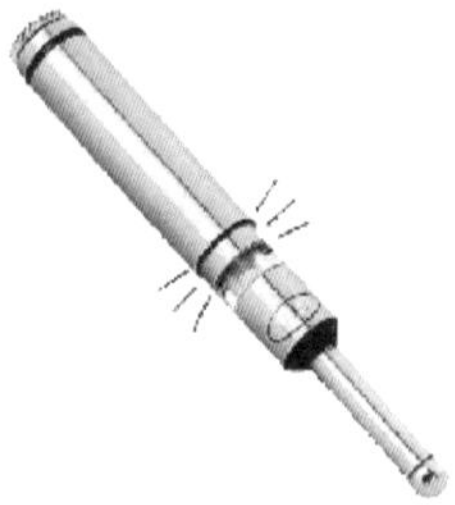

图 1-43　光电式分中棒

图 1-44　3D 分中棒

图 1-45　杠杆式指示表

(1) *XY* 向分中式对刀 分中是对刀方式中的一种，也是最常用的一种对刀方式，在零件设计的过程中，通常会把工件坐标系设定在工件的 *X* 向、*Y* 向的中心，这时，为了保证在加工过程中，设计基准与加工基准统一、重合，就需要用“分中”的方式进行对刀。

分中式对刀，根据所提供的毛坯状况不同，对刀方式也要有所选择：

试切法对刀：该方法较适合加工余量较大的工件的对刀（一般单边余量在 1mm 以上）。

分中棒对刀：适用于加工余量较少（一般单边余量在 0.5mm 以内）或对刀表面是已加工表面，不需二次加工的工件。

仪表类对刀：对刀表面已精加工完成，不需进行二次加工的工件。

以双边试切法为例介绍 *XY* 向分中棒对刀：

主轴装好铣刀后起动主轴（对刀时，一般主轴转速为 100~300r/min），通过手轮使工作台向 *X* 轴方向移动，使刀具至工件左边空位下刀，对工件进行试切，切削量不超过 0.3mm，读出机床坐标 $X_{左}$ 值（若系统可对坐标值清零则对其清零），控制工作台反方向移动刀具离开工件。再抬刀通过手轮使工作台向 *X* 轴方向移动，使刀具至工件右边空位下刀，对工件进行试切，切削量不超过 0.3mm，读出机床坐标 $X_{右}$ 值（图 1-46）。

图 1-46 试切法对刀示意图

Y 轴方向对刀与 *X* 轴方向对刀的方法同理。在通过双边试切法对刀时，刀具与工件毛坯边将要接触时，机床的最小手动进给量一般为 0.01mm，精密机床可用 0.001mm 来试切工件。在 $X_{左}$ 和 $X_{右}$ 或 $Y_{前}$ 和 $Y_{后}$ 两边试切时，两边的最小手动进给单位都应保证一致，使得两边对毛坯的切削量基本接近，从而在第二次找正工件坐标原点时不会产生太大的中心偏移量。

则对刀时工件坐标原点的机床坐标值 *X*、*Y* 为

$$X=(X_{左}+X_{右})/2$$
$$Y=(Y_{前}+Y_{后})/2$$

注：利用其他分中工具进行检测、分中的操作步骤与试切法类似。

(2) *Z* 向对刀 *Z* 向对刀主要用于确定工件坐标系在机床坐标系的 *Z* 轴坐标，或者说刀具在机床坐标系中的高度。*Z* 向对刀主要有试切法、塞棒法和对刀器法三种。

试切法：采用刀具直接对工件进行试切。

塞棒法：在工件与刀具间用检验棒判断其通过与否，在对刀完毕后得到的 *Z* 坐标数据值上再减去检验棒尺寸的高度测量方法。

以上两种方法对刀精度较低，常用于精度要求较低的工件。

对刀器法：*Z* 轴对刀器有光电式和指针式等（图 1-47、图 1-48），对刀精度一般可达

（100.0±0.0025）mm，对刀器标定高度的重复精度一般为0.001～0.002mm。对刀器带有磁性表座，可以牢固地附着在工件或夹具上。*Z*轴对刀器高度一般为50mm或100mm。

图1-47　光电式*Z*轴对刀器

图1-48　指针式*Z*轴对刀器

*Z*轴对刀器的使用办法如下：

1）将刀具装在主轴上，将*Z*轴对刀器吸附在已经装夹好的工件或夹具上。

2）迅速挪动工作台和主轴，让刀具端面接近*Z*轴对刀器上表面。

3）改用步进或电子手轮微调操纵，让刀具端面渐渐碰到*Z*轴对刀器上表面，直到*Z*轴对刀器发光或指针指示到零位。

4）记下机床坐标系中的*Z*轴数据。

5）后续更换刀具进行*Z*轴对刀时，计算出新的*Z*坐标值并以此数据值减去原*Z*轴对刀器数值的高度差。

6）若工件坐标系*Z*轴坐标零点设定在工件或夹具上，则此值即为工件坐标系*Z*轴坐标零点在机床坐标系中的位置，也是*Z*轴坐标零点偏置值。

练习

1）刀位点：刀具的定位基准点。

常用刀具的刀位点规定：

立铣刀、面铣刀的刀位点是________________________。

球头铣刀刀位点是________________________。

车刀刀位点是________________________。

钻头刀位点是________________________。

2）换刀点：数控铣床、数控镗铣床、加工中心等多刀加工数控机床，在加工过程中需要进行换刀，编程时应考虑不同工序之间的换刀位置，设置换刀点。

三、加工工艺确定

1. 走刀路线的确定

1）在保证加工质量的前提下，应寻求最短的走刀路线，以减少整个加工过程中的空行程时间，提高加工效率。

2）保证工件轮廓表面粗糙度要求。当工件的加工余量较大时，可采用多次进给逐渐切削的方法，最后留少量的精加工余量（一般为0.2~0.5mm），安排在最后一次走刀中连续加工出来。

3）刀具的进退刀应沿切线方向切入和切出，并且在轮廓切削过程中要避免停顿，以免因切削力突然变化而造成弹性变形，致使在零件轮廓上留下刀具的切痕。

2. 顺铣、逆铣及切削方向和方式的确定

在铣削加工中，若铣刀的走刀方向与在切削点的切削分力方向相反，则称为顺铣；反之则称为逆铣。由于采用顺铣方式加工时，零件的表面加工精度较高，并且可以减少机床的“颤振”，所以在铣削加工零件轮廓时应尽量采用顺铣的加工方式。

若要铣削内沟槽的两侧面，就应来回走刀两次，保证两侧面都采用顺铣的加工方式，以使两侧面具有相同的表面加工精度。

3. 基面先行

零件上用作定位装夹的精基准的表面应优先加工出来，这样定位越精确，装夹误差就越小。如箱体零件总是先加工定位用的平面和两个定位孔，再以平面和定位孔为基准面装夹定位后，加工其他孔系和平面。

4. 先粗后精

按粗加工、半精加工、精加工的顺序依次进行。

引导问题：

本学习任务是在数控铣床上完成凸模固定板的加工，那么在加工前，我们要做哪些准备工作？

四、生产前的准备

1. 阅读零件图

认真阅读零件图，完成表1-3。

表1-3　图样分析表

分析项目	分析内容
标题栏信息	零件名称：　　　零件材料： 毛坯规格：
零件结构	描述零件主要结构：
表面粗糙度	零件加工表面粗糙度：
其他技术要求	描述零件的其他技术要求：

2. 工量具准备

夹具：

刀具：

量具：

其他工具或辅件：

3. 完成加工工艺卡

结合上面学习的内容填写表 1-4。

表 1-4 零件加工工艺卡

<table>
<tr><td>单位名称</td><td colspan="6"></td><td colspan="3">产品名称</td><td colspan="1"></td><td>备注</td></tr>
<tr><td colspan="7" rowspan="8"></td><td colspan="3">车间机床号</td><td></td><td></td></tr>
<tr><td colspan="3">图号</td><td></td><td></td></tr>
<tr><td colspan="3">材料</td><td></td><td></td></tr>
<tr><td colspan="3">数量</td><td></td><td></td></tr>
<tr><td colspan="3">毛坯尺寸/mm</td><td></td><td></td></tr>
<tr><td colspan="3">夹具</td><td></td><td></td></tr>
<tr><td colspan="3">第　页</td><td></td><td></td></tr>
<tr><td colspan="3">共　页</td><td></td><td></td></tr>
<tr><td rowspan="2">工序</td><td rowspan="2">工步</td><td rowspan="2">工序加工内容</td><td rowspan="2">软件刀具路径</td><td rowspan="2">余量/mm</td><td colspan="2">刀具</td><td colspan="4">切削用量</td><td rowspan="2">计划工时/h</td></tr>
<tr><td>类型</td><td>尺寸</td><td>背吃刀量/mm</td><td>进给量/mm/r</td><td colspan="2">主轴转速/(r/min)</td></tr>
<tr><td></td><td></td><td></td><td></td><td></td><td></td><td></td><td></td><td></td><td colspan="2"></td><td></td></tr>
<tr><td></td><td></td><td></td><td></td><td></td><td></td><td></td><td></td><td></td><td colspan="2"></td><td></td></tr>
<tr><td></td><td></td><td></td><td></td><td></td><td></td><td></td><td></td><td></td><td colspan="2"></td><td></td></tr>
<tr><td></td><td></td><td></td><td></td><td></td><td></td><td></td><td></td><td></td><td colspan="2"></td><td></td></tr>
<tr><td></td><td></td><td></td><td></td><td></td><td></td><td></td><td></td><td></td><td colspan="2"></td><td></td></tr>
<tr><td>更改号</td><td colspan="2"></td><td colspan="2">拟订</td><td colspan="2">校正</td><td colspan="4">审核</td><td>批准</td></tr>
<tr><td>更改者</td><td colspan="2"></td><td colspan="2"></td><td colspan="2"></td><td colspan="4">（指导老师）</td><td></td></tr>
<tr><td>日期</td><td colspan="2"></td><td colspan="2"></td><td colspan="2"></td><td colspan="4"></td><td></td></tr>
</table>

练习

1. 完成下列填空。

1）铣削平面轮廓曲线工件时，铣刀半径应__________工件轮廓的凹圆半径。

2）精度高的数控机床的加工精度和定位精度一般是由__________决定的。

2. 分别读出下列游标万能角度尺的读数值（图 1-49）。

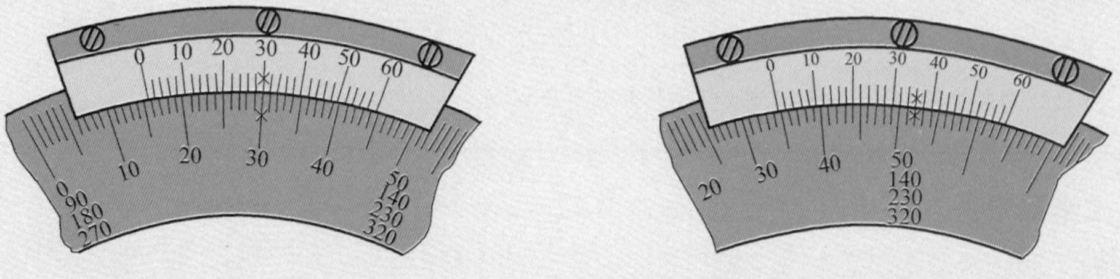

读数值：________　　　　读数值：________

图 1-49 游标万能角度尺

3. 标出指示表组成部分的名称（图 1-50）。

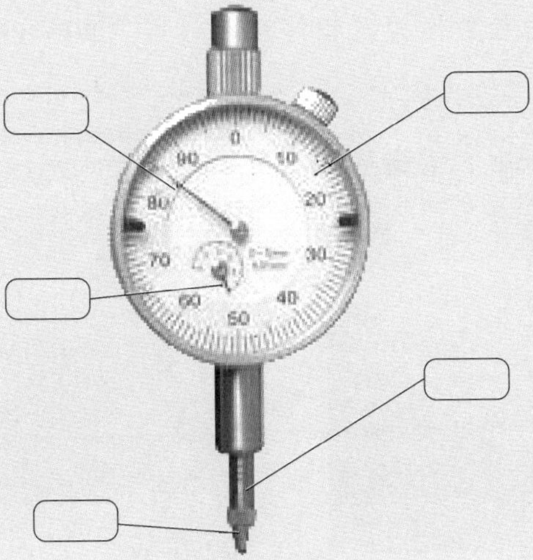

图 1-50　指示表

4. 请读出下面量具的读数（图 1-51）。

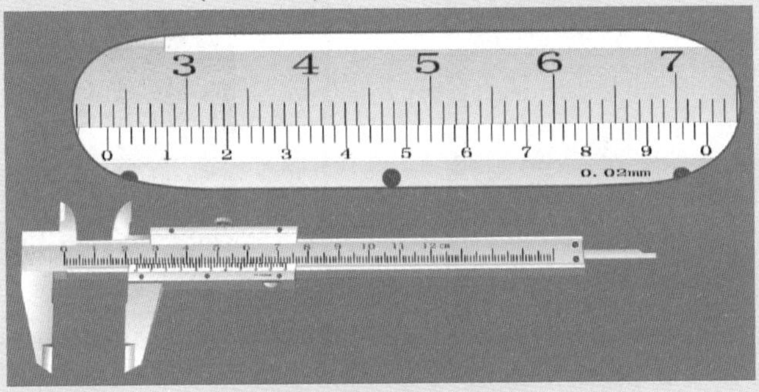

该尺的读数是：______ mm

图 1-51　游标卡尺

5. 标出外径千分尺组成部分的名称（图 1-52）。

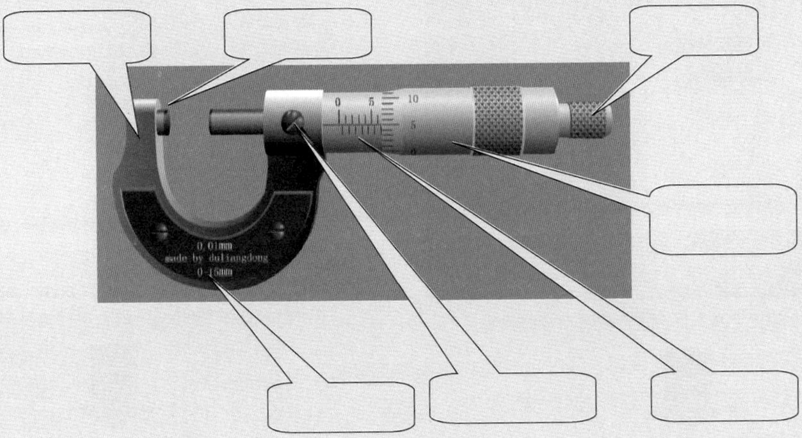

图 1-52　外径千分尺

五、程序传输

1）西门子 802S 传输参数设置及程序传输（以“WIN PCIN”传输软件为例，如图 1-53～图 1-55 所示）。

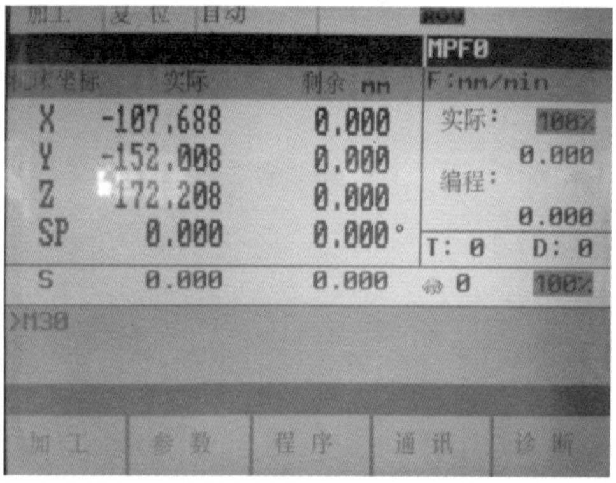

在主目录中选择图标打开机床系统传输窗口

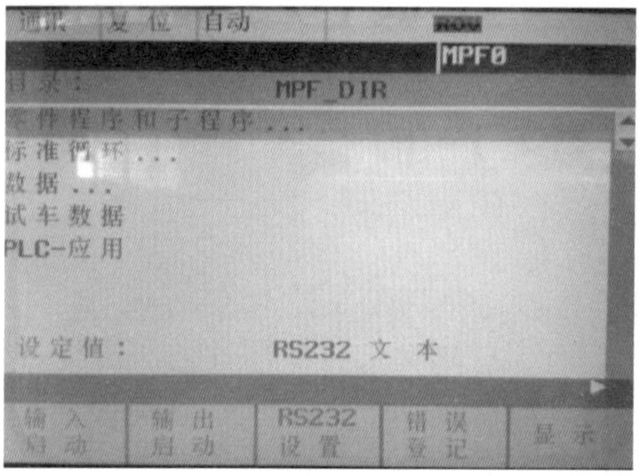

在“通讯”目录中选择“RS232设置”键进入传送参数设置

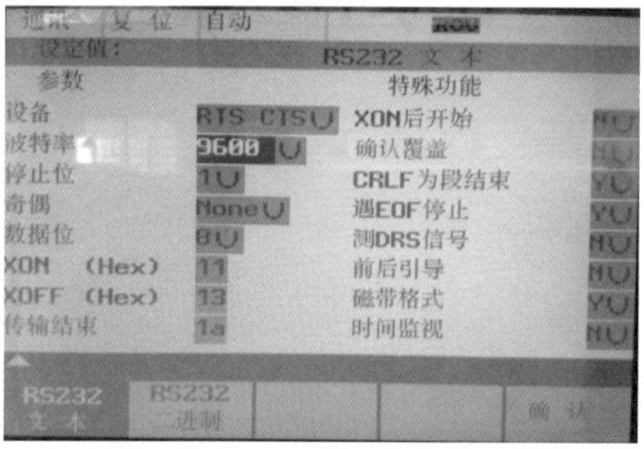

在“RS232文本”界面进行波特率参数设置

选择“确认”键对参数进行保存并退出

图 1-53 机床系统传输设置

双击“传输数据”打开传输软件

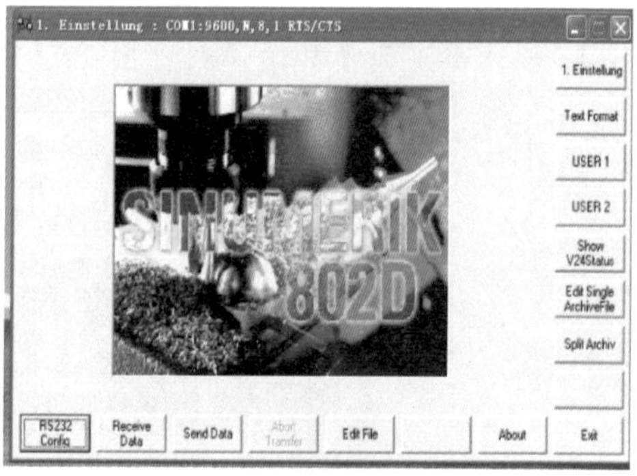

选择“RS232 Confiq”进入传输参数设置

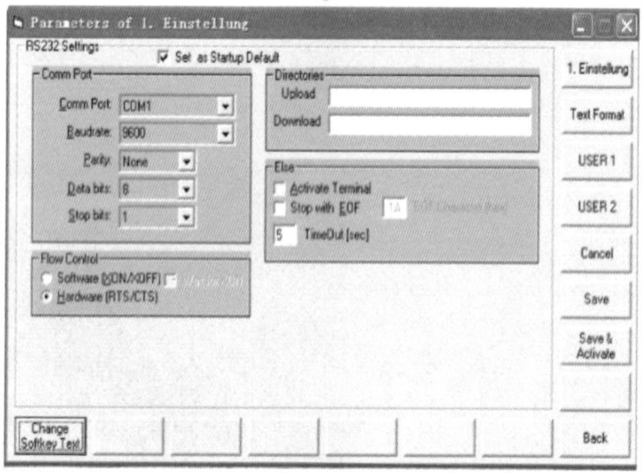

在“RS232Setting”界面进行波特率参数设置

选择 Save & Activate 键对参数进行保存并退出

图 1-54 计算机传输软件设置

注意：

调整任意一边，令机床系统与计算机传送软件上对应的参数一致，“Baudrate”（波特率）一般选择“9600”或“19200”，以确保程序传送较稳定。

程序传输：按“自动”键切换到“自动加工”模式并回到系统“通讯”界面。

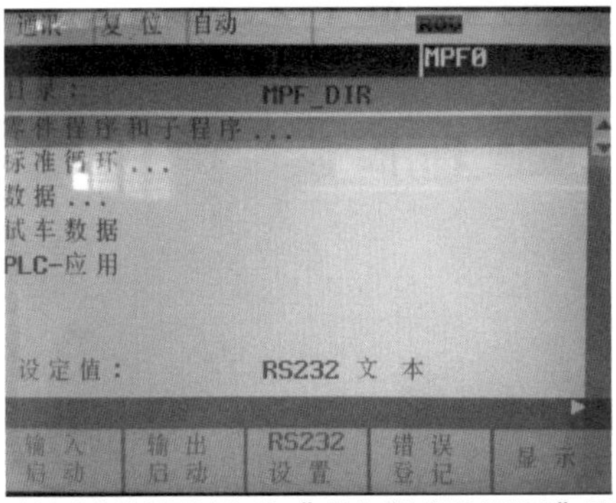

选择“菜单扩展键”：“＞”进入“执行外部程序”界面

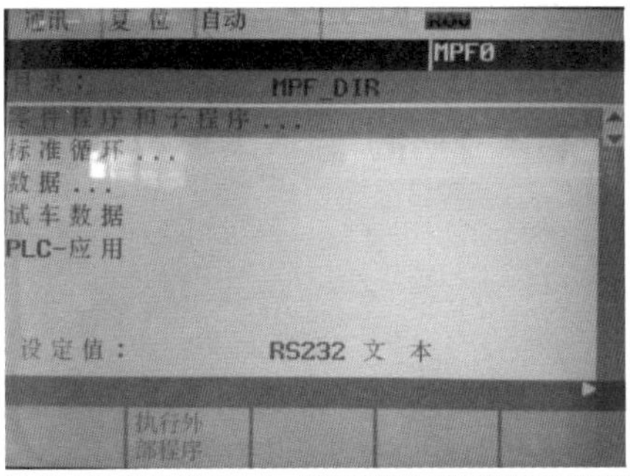

选择“执行外部程序”，则系统进入程序等待接收状态

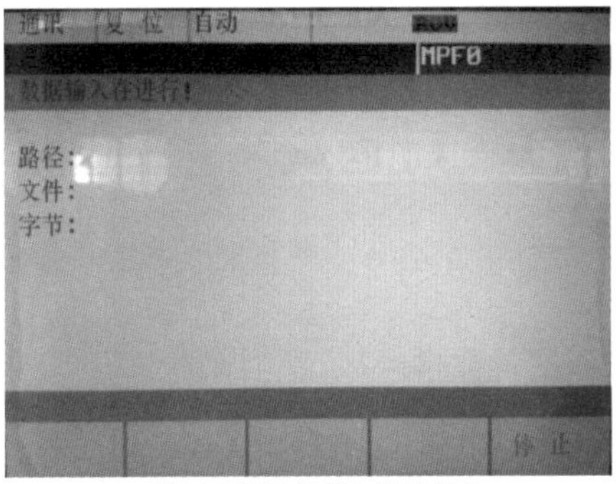

执行外部程序，进入接收状态

在计算机软件传输界面按“Send Deta”发送

图 1-55　程序传输

在机床系统的控制面板上按下“程序运行”键使机床进入加工状态。

注意：

程序运行异常处理方法如下。

1）刀具在正常切削前，注意观察机床运行情况是否有异常，所设定的切削参数是否合理、恰当，如有异常，可按暂停键，程序运行暂停，确认正常后按启动键恢复运行。

2）若程序运行中，发现所设定的主轴转速设定不合理，可通过主轴转速调整按钮或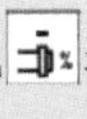进行主轴转速的调整。

3）若发现所设定的进给速度设定不合理，可通过“进给速度调整”旋钮对所设定的进给速度进行合理调整。

2）FANUC 0*i* MD 传输参数设置及程序传输以“CIMCOEdit”传输软件为例，如图 1-56～图 1-58 所示。

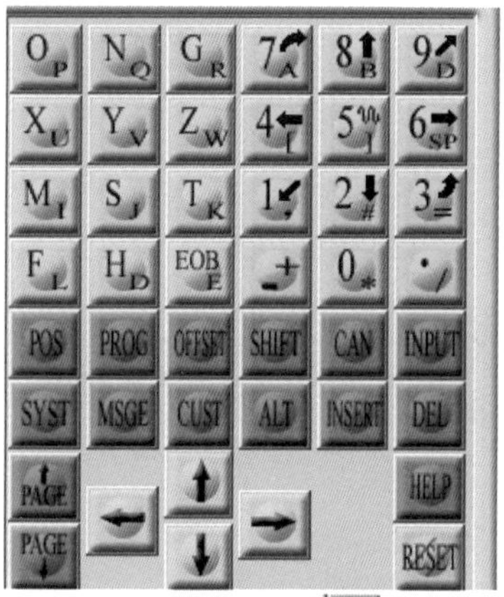

在系统操作面板中选择“SYST”功能

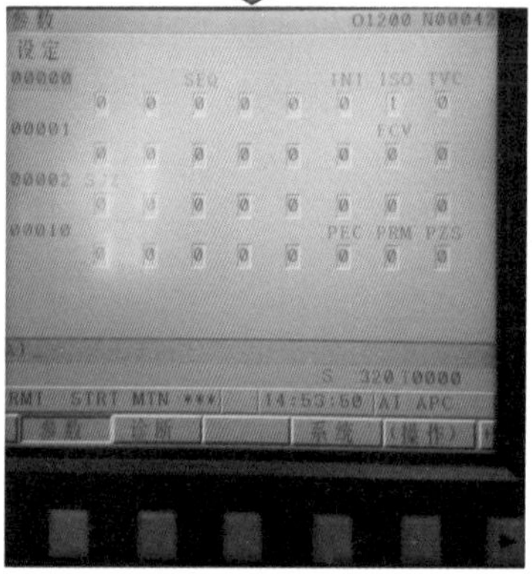

在“SYST”目录中按“▶”选择“所有I/O”进入传输参数状态

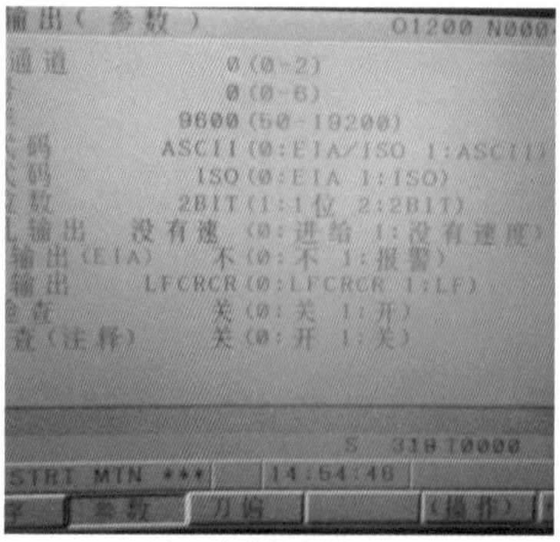

进入传送参数状态

按其他功能键退出参数功能

图 1-56　机床系统传输设置

双击“CIMCOEdit”图标打开传输软件

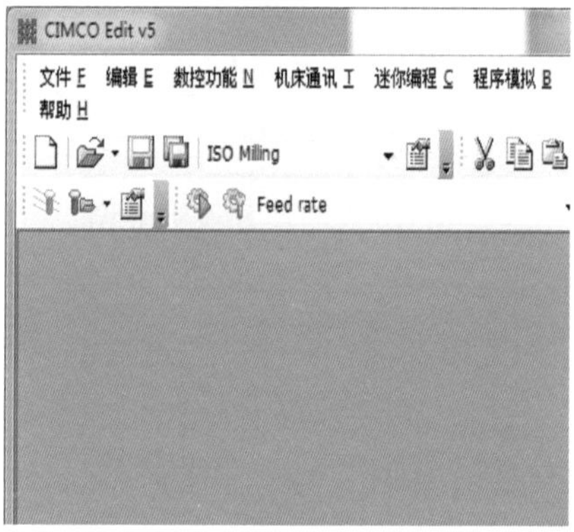

选择“机床通讯/DNC设置”命令进入传输参数设置

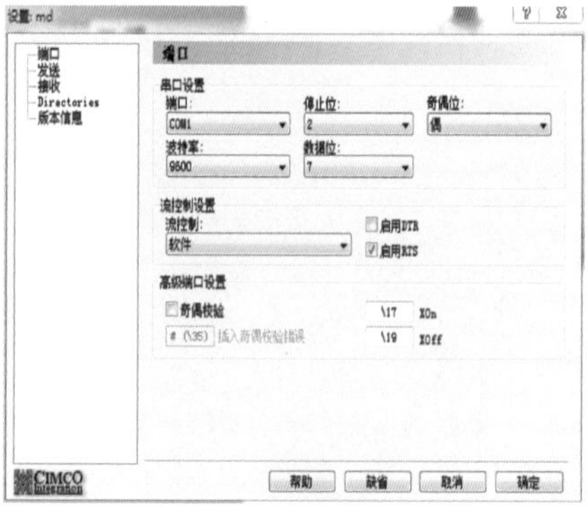

进入传送参数设置

选择 确定 键保存并退出

图 1-57　计算机传输软件设置

注意：

根据查阅到的系统参数，令计算机传送软件上对应的参数与机床系统一致，“波特率”一般选择“9600”或“19200”以确保程序传送较稳定。

在“DNC”模式下进入“程序”界面。

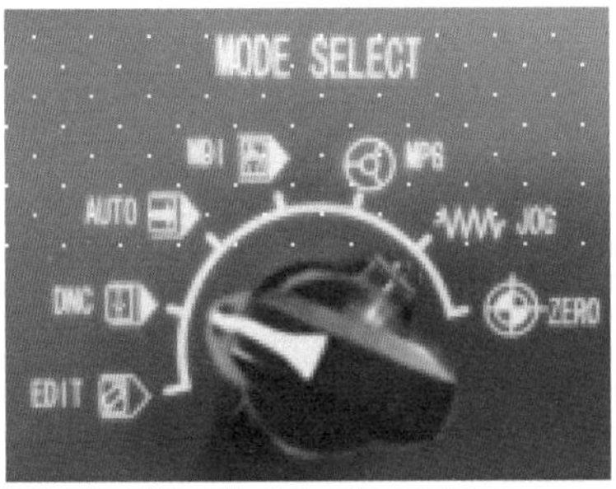

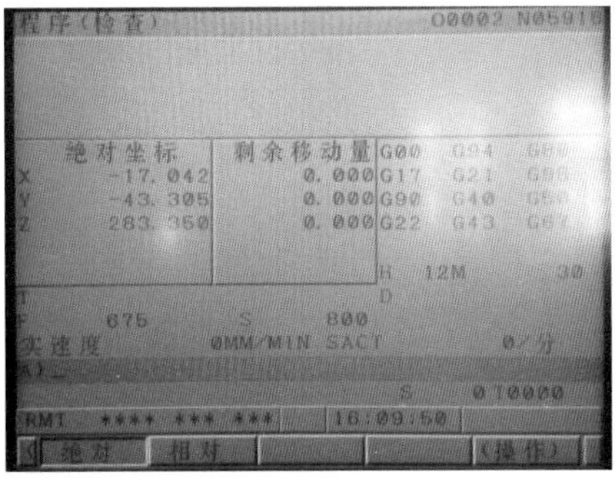

在“DNC”模式下进入“程序”界面

打开程序界面

在传输软件主界面的“文件”菜单中单击“打开”命令进入如下界面，找到要传输的程序并打开

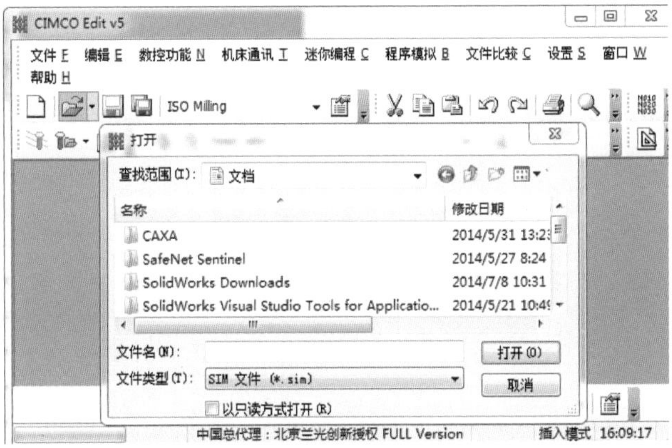

选择加工程序

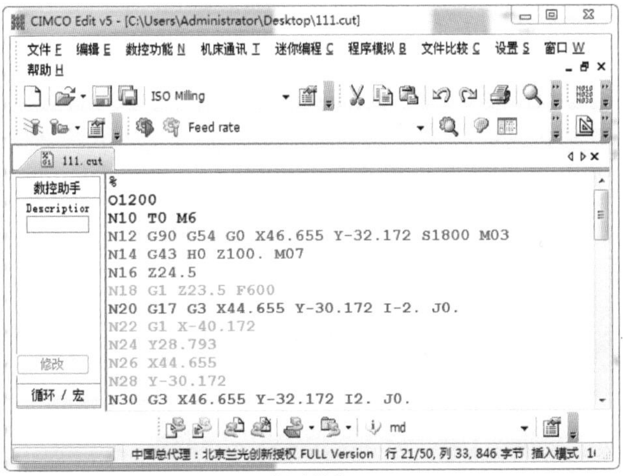

打开程序

图 1-58　程序传输

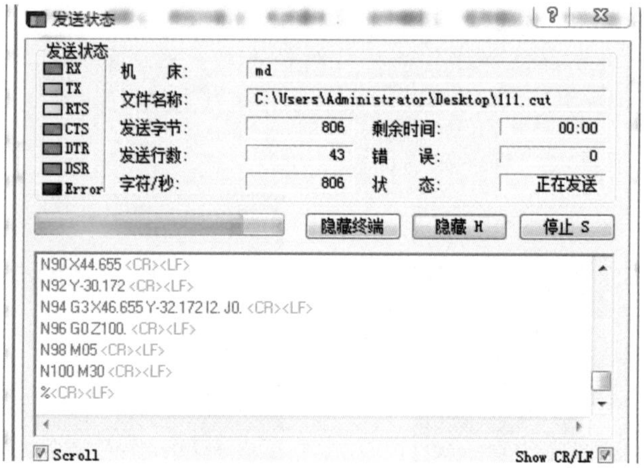

进行程序传输

图 1-58 程序传输（续）

在数控系统的控制面板上按下“程序运行”键，使机床进入加工状态。

注意：

程序运行异常处理方法如下。

1）在刀具正常切削前，注意观察机床运行情况是否有异常，所设定的切削参数是否合理、恰当，如有异常，可按暂停键，程序运行暂停，确认正常后按启动键恢复运行。

2）若程序运行中，发现所设定的主轴转速设定不合理，可通过主轴转速调整旋钮进行主轴转速的调整。

3）若发现所设定的进给速度设定不合理，可通过“进给速度调整”旋钮对所设定的进给速度进行合理调整。

练习

1）当加工曲线轮廓时，对于有刀具半径补偿功能的数控系统，可不必求出刀具中心的运动轨迹，只需按________的轮廓曲线编程。

2）工件加工完毕后，应将刀具从刀库中卸下，按________清理编号入库。

3）工件在机床上或在夹具中装夹时，用来确定加工表面相对于刀具切削位置的面叫________。

4）工艺基准分为________基准和________基准。

5）采用端铣法铣削平面，平面度的好坏主要取决于铣刀的________。

6）采用________可显著提高铣刀的使用寿命，并可获得较小的表面粗糙度。

7）铣削加工中，确定编程原点应考虑的因素有________。

8）加工精度是指零件加工后实际几何参数与________的几何参数的符合程度。

9）刀具交换时，掉刀的原因主要是________。

10）刀具远离工件的运动方向为________坐标的方向。

任务三　工件检验与误差分析

学习目标：

1. 能进行工件的检测。
2. 能通过检测结果判定工件是否合格。
3. 能够分析工件尺寸误差产生的原因。

建议课时：18 课时。

引导问题：

零件加工完成后，需经过哪些步骤才能确认产品合格，进行入库或转入下道工序？

学习过程：

步骤一：工件检测。

请各小组先进行工件的自检，并相互交换工件进行互检。将检测结果录入表 1-5～表1-7。

表 1-5　质量检测表　（单位：mm）

<table>
<tr><th rowspan="2">序号</th><th colspan="2" rowspan="2">检测尺寸</th><th rowspan="2">检测内容</th><th colspan="2">检测结果</th><th colspan="2" rowspan="2">是否合格</th></tr>
<tr><th>自检</th><th>互检</th></tr>
<tr><td>1</td><td></td><td></td><td>IT</td><td></td><td></td><td colspan="2"></td></tr>
<tr><td>2</td><td></td><td></td><td>IT</td><td></td><td></td><td colspan="2"></td></tr>
<tr><td>3</td><td></td><td></td><td>IT</td><td></td><td></td><td colspan="2"></td></tr>
<tr><td>4</td><td></td><td></td><td>IT</td><td></td><td></td><td colspan="2"></td></tr>
<tr><td>5</td><td></td><td></td><td>IT</td><td></td><td></td><td colspan="2"></td></tr>
<tr><td rowspan="3">6</td><td rowspan="3">最终总评</td><td colspan="4">所有检测尺寸的 IT 都在公差范围,零件完整</td><td>合格品</td><td></td></tr>
<tr><td colspan="4">有一个或多个检测尺寸的 IT 超出下极限偏差,零件不完整</td><td>废品</td><td></td></tr>
<tr><td colspan="4">有一个或多个检测尺寸的 IT 超出上极限偏差,零件不完整</td><td>返修品</td><td></td></tr>
</table>

步骤二：误差分析。

1）导柱孔中心距（84±0. 10）mm 超差与不对称（合格则在下方标记合格，不需分析；不合格项进行原因分析）。

答：　　　　　　　　　　　　　　　　　　根据老师讲评进行订正：

2）导柱孔中心距（60±0.10）mm 超差或不均（合格则在下方标记合格，不进行分析；不合格项进行原因分析）。

答：　　　　　　　　　　　　　　　　　　　　　　　根据老师讲评进行订正：

3）导柱孔表面质量超差（合格则在下方标记合格，不进行分析；不合格项进行原因分析）。

答：　　　　　　　　　　　　　　　　　　　　　　　根据老师讲评进行订正：

4）凸模固定孔中心距（84±0.05）mm 和（60±0.05）mm 尺寸不合格或变形（合格则在下方标记合格，不进行分析；不合格项进行原因分析）。

答：　　　　　　　　　　　　　　　　　　　　　　　根据老师讲评进行订正：

5）上模板外形尺寸不合格或变形（合格则在下方标记合格，不进行分析；不合格项进行原因分析）。

答：　　　　　　　　　　　　　　　　　　　　　　　根据老师讲评进行订正：

步骤三：各小组汇报检测情况与分析结果。

步骤四：教师讲评。

学生进行答案修正。

步骤五：小组活动评价。

各组依据各自实训表现及学习情况完成表 1-6。

表 1-6　评价量表

序	标准/指标		自我评价	小组评价
1	专业能力	游标卡尺运用		
2		工件尺寸测量		
3		误差分析		
4		工作页填写		
5	方法能力	信息收集		
6	社会能力	小组协作		
7		表达能力		

教师评价：

签名：

任务四　总结与评价

学习目标：

1. 能够总结本次任务的经验与不足。
2. 能够公正评价本次任务的小组表现。
3. 能够就本次任务的小组表现及经验教训进行总结性的展示与评价。
4. 能够公正地进行任务评价。

建议课时： 18 课时。

引导问题：

在完成本次加工任务后，你认为自己的收获是什么，还有哪些方面需继续努力？

学习过程：

步骤一：总结与展示。

1）请各小组回顾本次任务的过程，讨论总结出数控铣床的加工流程。

2）请总结铣削加工中刀具使用的注意事项。

3）你的铣削用量选用正确吗？在加工中是如何调整的？

4）你在本次任务中遇到的最大问题是什么？是怎么解决的？

5）这次任务有什么有益的经验和做法？有什么建议？

6）你在小组中负责什么工作？你是否尽职？对于小组的工作你有什么建议？

7）小组进行任务总结，并展示。

8）教师点评。

步骤二：评价。

1）请根据小组展示情况完成表1-7。

表1-7 展示评价表

评价项目	配分	小组互评									
		10	9	8	7	6	5	4	3	2	1
1. 小组展示产品是否符合技术要求	10										
2. 小组的产品工艺是否合理	10										
3. 小组介绍成果表达是否清晰	10										
4. 小组展示是否把握了重点	10										
5. 小组演示产品检测方法是否正确	10										
6. 小组演示操作时是否遵循了“6S”的工作要求	10										
7. 小组的成员是否有团队协作精神	10										
8. 小组成员是否有创新精神	10										
9. 小组是否达到了学习目标	10										
10. 小组的表现是否有进步	10										
小组的总体评价	100										

2）学习过程评价。请各小组完成表1-8。

表1-8 学习过程评价表

评价项目	姓名	学号	日期	年	月	日
			配分	自评分	小组评分	老师评分
着装		严格按《实习守则》要求穿戴好劳保用品	5			
平时表现评价		1. 实习期间出勤情况 2. 遵守实习场所纪律，听从实习指导教师指挥 3. 每天的实训任务完成质量 4. 良好的劳动习惯，实习岗位卫生情况	12			
综合专业技能水平	基本知识	1. 能够识读派工单和图样；能够进行加工任务分析 2. 能够表述工件加工工艺流程，完善加工工艺卡 3. 能够进行铣削用量计算，确定工序余量；确定加工方向 4. 能够运用游标卡尺正确测量工件尺寸，判定工件质量 5. 能够表述自定心卡盘的用途并进行装夹	15			
	操作技能	1. 能够进行机床的各项基本操作，独立完成工件对刀 2. 能够运用软件完成工件的造型，并进行工件加工路径的编制；能够生成程序并进行仿真验证 3. 能够完成程序的传输，并操作机床完成工件的加工 4. 能够在加工过程中控制工件尺寸 5. 能够通过检验进行质量分析	35			
	工具使用	1. 正确选择和使用数控铣工常用的工具、量具、刃具、夹具 2. 熟练操作铣床设备	5			

（续）

评价项目	姓名	学号			日期	年 月 日		
					配分	自评分	小组评分	老师评分
情感态度评价	1. 与教师的互动，小组同学团结合作 2. 良好的劳动习惯，注重提高自己的动手能力 3. 组员的交流、合作 4. 对动手操作实践的兴趣、态度、主动积极性				10			
用好设备	1. 严格按工量具的型号、规格摆放整齐，保管好实习工量具 2. 严格遵守机床操作规程和工种安全操作规章制度，维护保养好设备				5			
资源使用	节约实习消耗用品，合理使用材料				3			
安全文明实习	1. 掌握安全操作规程和消防、灭火的安全知识 2. 严格遵守安全操作规程、实训中心的各项规章制度和实习纪律 3. 按学校实习规章制度，发生重大事故者，取消实习资格，并且实习成绩为零分				10			
合计					100			
评价人签名								

项目二 型芯零件加工

Project 2

知识目标

1. 叙述型芯零件的加工流程。
2. 叙述表的应用场合及分类。
3. 叙述工件正反面对刀的过程。
4. 正确选取加工工艺参数并按要求进行参数量计算。

技能目标

1. 能正确进行机用虎钳校正，正确装夹工件。
2. 能手动装、卸刀具，铣削工件。
3. 能以小组合作的形式，按照设备操作流程，进行工件工艺卡的制订。
4. 正确编制工件加工程序并完成清单的填写。
5. 在完成任务后，检测工件精度，做好设备、场地清洁与保养相关工作。

建议课时

72 课时。

任务描述

接受某公司委托加工一批模具。经过工艺部门研究，由于该型芯零件——模板上孔的位置精度要求较高，故安排在数控铣岗位加工，具体要求及尺寸如图 2-1 所示。请你根据图样要求完成该型芯零件的加工。

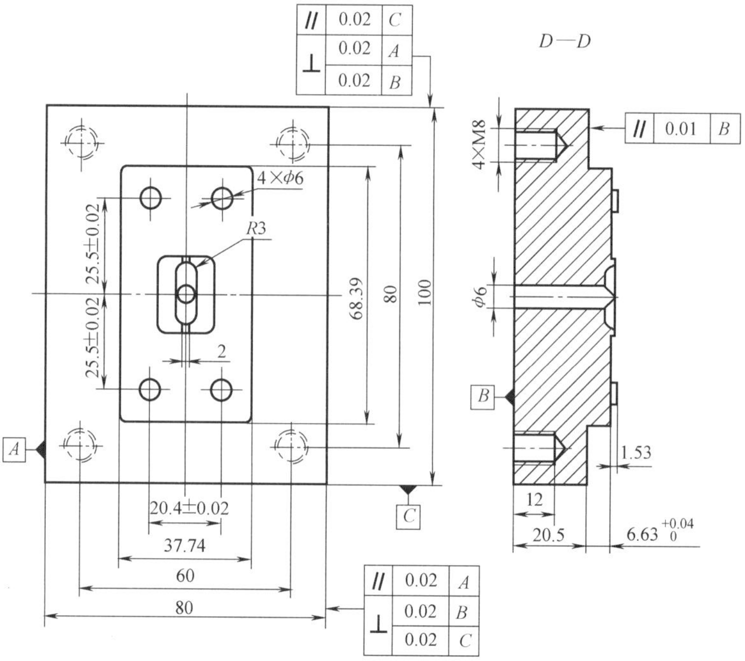

图 2-1 型芯零件

任务一 正反面对刀

学习目标：

1. 识别设备，了解相关技术资料。
2. 了解指标表结构组成及其典型部件，并掌握其原理特点及广泛应用场合。
3. 了解各类型指示表的特点。
4. 正确进行正反面对刀。
5. 能够利用资料，掌握指示表的基本操作方法。

建议课时：14 课时。

引导问题：

在生产加工中，一些结构复杂或精度要求高的零件，采用试切法或塞尺块规对刀法对刀操作难度大或无法达到所需要的对刀精度时，可以采用指示表正反面对刀方式解决。那么，指示表是由哪些部分组成的，如何用它进行对刀的呢？

学习过程：

一、指示表的整体结构原理

（1）布置任务：在数控铣实训室，通过资料查阅、网络搜索等手段，了解指示表的原理，及指示表的结构及其种类。分组完成任务，每组 4~6 人。

机械常用各种仪器仪表请查：http：//www. testmart. cn/仪器仪表网。

（2）任务实施 指出图 2-2 中所标识部位的名称，并在表 2-1 中填写指示表的种类，并简要说明各类指示表的应用场合。

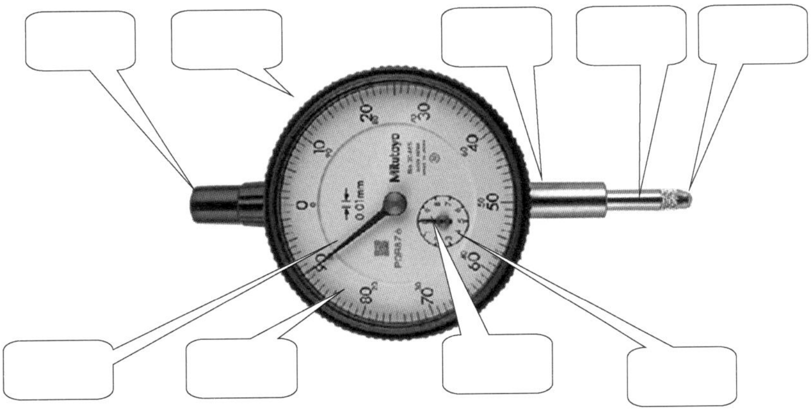

图 2-2 指示表

1）指示表的工作原理：指示表的工作原理是将被测尺寸引起的测杆微小直线位移，经过齿轮传动机构的放大，变为指针在刻度盘上的转动，从而读出被测尺寸的大小。指示表是利用齿条齿轮或杠杆齿轮传动，将测杆的位移变为指针的角位移的计量器具。

表 2-1 指示表种类

序号	指示表的名称	应用场合	备注

2）指示表的结构原理：指示表是一种精度较高的比较量具，它只能测出相对数值，不能测出绝对数值，主要用于测量形状和位置误差，也可用于机床上装夹工件时的精确找正。图 2-2 中所示指示表的分度值为 0.01mm（也叫百分表）。当测杆向上或向下移动 1mm 时，通过齿轮传动系统带动大指针转一圈，小指针转一格，刻度盘在圆周上有 100 个等分格，小指针每格读数为 1mm。测量时指针读数的变动量即为尺寸变化量。刻度盘可以转动，以便测量时大指针对准零刻线。

3）读数方法：指示表的读数方法为先读小指针转过的刻度线（即毫米整数），再读大指针转过的刻度线（即小数部分），并乘以 0.01，然后将两者相加，即得到所测量的数值。

4）注意事项

1）使用前，应检查测杆活动的灵活性。即轻轻推动测杆时，测杆在套筒内的移动要灵活，没有任何卡滞现象，每次手松开后，指针能回到原来的刻度位置。

2）使用时，必须把指示表固定在可靠的夹持架上。切不可贪图省事而随便夹在不稳固的地方，否则容易造成测量结果不准确，或摔坏指示表。

3）测量时，不要使测杆的行程超过它的测量范围，不要使表头突然撞到工件上，也不要用指示表测量表面粗糙度值高或有显著凹凸不平的工件。

4）测量平面时，指示表的测杆要与平面垂直，测量圆柱形工件时，测杆要与工件的中心线垂直。否则，将使测杆不灵活或测量结果不准确。

5）为方便读数，在测量前一般都让大指针指到刻度盘的零位。

（3）查阅资料，并回答以下问题

1）指示表使用过程中应该注意哪些方面的问题？

2）在工件加工过程中，什么方式对刀会用到指示表打表法？

二、指示表对刀操作

应用条件：该种方法比较适合反面装夹后，加工余量较少，不适合采用双边试切法加工的工件校正对刀（一般单边余量在 1mm 以下的工件对刀）。

操作步骤：

1）把指示表装在主轴上，使指示表测杆与机床工作台处于相互水平位置，如图 2-3 所示。通过手轮移动工作台 X 轴方向，使指示表至工件左边空位，指示表下降至工件要校正的基准测量面，测杆及测头与工件要校正的基准测量面成90°夹角，通过手轮移动工作台 X 轴方向使指示表压表1.5~2圈。

2）手动旋转主轴，记下指示表的最大值（包括小指针的读数），读出机床坐标 $X_{左}$ 值（若系统可对坐标值清零，则对坐标值清零），控制工作台反方向移动，使指示表离开工件。再抬起主轴，通过手轮工作台在 X 轴方向移动，使指示表至工件右边空位，指示表下降至工件要校正的基准测量面，测杆及测头与工件要校正的基准测量面成90°夹角，通过手轮移动工作台 X 轴方向使指示表压表，手动旋转主轴，使指示表的压表读数与在工件左边的读数一致。读出机床坐标 $X_{右}$ 值。

此时，X 轴方向工件坐标原点的机床坐标值为

$$X_{\Delta}=(X_{左}+X_{右})/2$$

Y 轴方向对刀方法与 X 轴方向同理，则 Y 轴方向工件坐标原点的机床坐标值为

$$Y_{\Delta}=(Y_{左}+Y_{右})/2$$

将 X、Y 两方向对刀所得的数值存入“零点偏置”参数G54~G59中工件坐标偏移量的一个存储地址中。

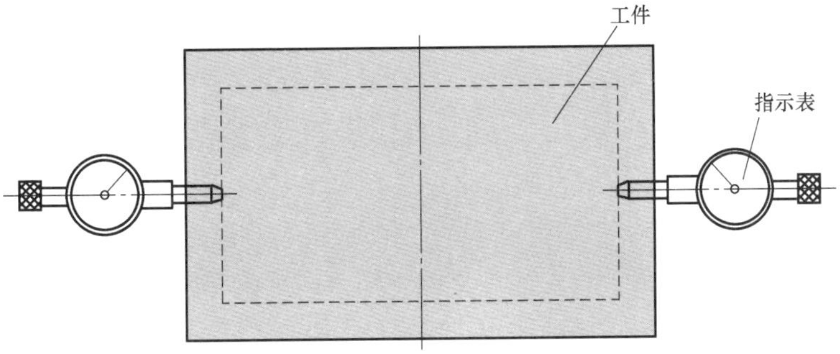

图2-3　指示表分中示意图

3）编写加工程序，对工件外轮廓进行第一次粗加工，保证四边均有材料可切削。单边留精加工余量>0.5mm。

4）加工后测量，调整刀补参数，调整工件坐标原点位置，对工件外围轮廓进行第二次加工（半精加工）。在确定半精加工的切削量时，必须保证切削量不能小于 X_{Δ} 值，不能大于或等于 $X_{左}$ 或 $X_{右}$ 的值，单边留精加工余量>0.2mm，以免在半精加工时毛坯件单边未切到或产生过切的情况。

粗加工后检测指示表分中准确性方法一如图2-4所示。

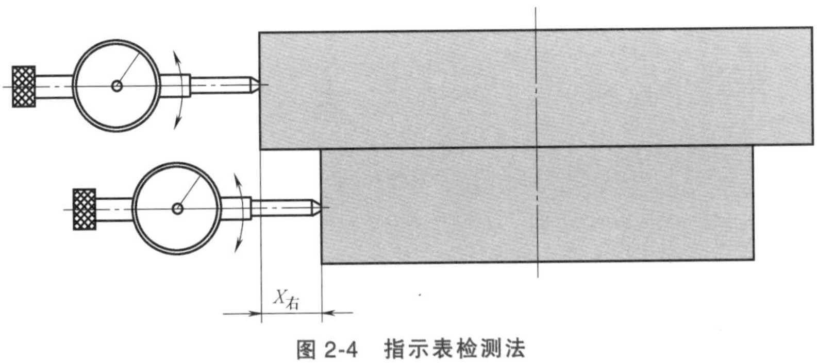

图2-4　指示表检测法

粗加工后检测指示表分中准确性方法二如图 2-5 所示。

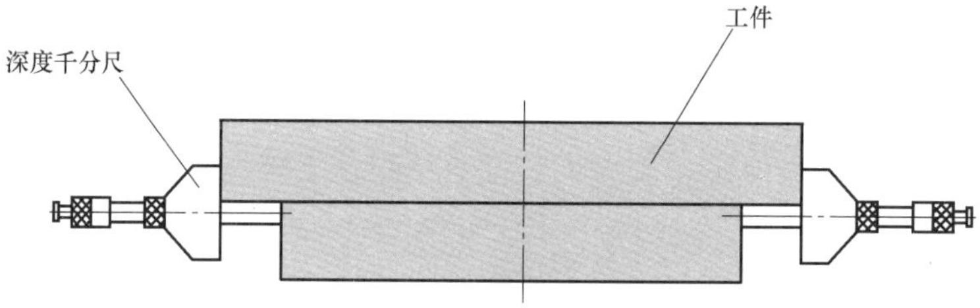

图 2-5 深度千分尺检测法

5）调整刀具补偿参数，调整工件坐标原点位置，对工件轮廓进行第二次加工（半精加工）。在确定半精加工的切削量时，必须保证切削量不能小于 X_{Δ} 值，不能大于或等于 $X_{左}$ 或 $X_{右}$ 的值，单边留精加工余量>0.2mm，以免半精加工时毛坯件单边未切到或产生过切的情况。

6）重复操作步骤 3)，对半精加工的各项参数进行校验，若刀具补偿或 $X_{左}$、$X_{右}$ 值偏差仍超出精度要求，则继续计算、调整各参数值，然后进行加工，若参数值偏差在精度范围内则可进行精加工。

任务二　确定计算加工参数

学习目标：

1. 能正确根据工件毛坯特点选择能满足本次加工的机床和常用夹具。
2. 了解刀具的种类并掌握正确的选用方法。
3. 能根据选择的刀具计算出合理的切削参数。
4. 能看懂生产图样，制订加工工艺步骤，编写工艺卡。
5. 正确选择测量工具，完成数控铣床的运行和调试。
6. 能够利用资料，制订合理的工作方案，通过小组合作完成指定任务。
7. 能正确进行设备维护与保养工作。

建议课时： 12 课时。

引导问题：

在加工产品过程中刀具参数如何选择、计算？

学习过程：

一、切削用量的概念

1. 切削速度（v_c）

切削速度是切削刃选定点相对于工件主运动的瞬时速度（单位：m/min）。

$$v_c = \pi dn/1000$$

式中，d 是刀具直径（mm）；n 是主轴转速（r/min）。

2. 进给量（f）

进给量是刀具在进给运动方向上相对工件的位移量（单位：mm/r 或 mm/行程）。

3. 进给速度（v_f）

进给速度是切削刃选定点相对于工件的进给运动的瞬时速度（单位：mm/min）

$$v_f = nf$$

4. 背吃刀量（a_p）

背吃刀量是已加工表面和待加工表面之间的垂直距离（单位：mm）。

$$a_p = (d_w - d_m)/2$$

式中，d_w 是径加工表面直径（mm）；d_m 是已加工表面直径（mm）。

二、铣削切削用量的确定

1. 切削用量的选择

粗加工：a_p、f 尽量大，然后选择最佳的切削速度 v_c。

精加工：合适的 a_p，较小的 f，较高的 v_c。

2. 背吃刀量的选择

粗加工（$Ra10 \sim Ra80\mu m$）：一次进给尽量多地切除余量。

半精加工（$Ra1.25 \sim Ra10\mu m$）：选取 0.5～2mm。

精加工（$Ra0.32 \sim Ra1.25\mu m$）：选取 0.1～0.4mm 。

3. 进给量的选择

粗加工：根据实际情况，如振动、噪声选择。

精加工：根据表面粗糙度选择。

思考

1. 粗铣时选择切削用量应先选择________较大的，这样才能提高效率。

2. 粗铣时应选择________的背吃刀量、进给量，________的切削速度。

3. 编程时可将重复出现的程序编程，使用时可以由________多次重复调用。

4. 当加工曲线轮廓时，对于有刀具半径补偿功能的数控系统，可不必求出刀具中心的运动轨迹，只需按________的轮廓曲线编程。

5. 工件加工完毕后，应将刀具从刀库中卸下，按________清理编号入库。

6. 工件在机床上或在夹具中装夹时，用来确定加工表面相对于刀具切削位置的面叫________。

7. 工艺基准分为测量________和装配基准。

简答：

1. 顺铣和逆铣的概念是什么？顺铣和逆铣对加工质量有什么影响？如何在加工中实现顺铣或逆铣？

2. 在数控机床上加工零件的工序划分方法有几种？各有什么特点？

3. 根据计算公式，试按表 2-2 要求填写各规格铣刀的切削用量参数。

表 2-2 切削用量参数

铝材切削用量参数					钢材切削用量参数				
刀具规格	转速 n /(r/min)	每齿进给量 f_z /mm/r	进给速度 v_f /(mm/min)	背吃刀量 a_p/mm	刀具规格	转速 n /(r/min)	每齿进给量 f_z /(mm/r)	进给速度 v_f /(mm/min)	背吃刀量 a_p/mm
D12		0.3		≤3	D12		0.15		≤3
D10		0.24		≤2.5	D10		0.12		≤2.5
D8		0.16		≤2	D8		0.08		≤2
D6		0.1		≤1.5	D6		0.05		≤1.5
D5		0.08		≤1	D5		0.04		≤1
R5		0.4		≤0.25	R6		0.6		≤0.3
R3.5		0.2		≤0.15	R4		0.3		≤0.20
R2.5		0.12		≤0.15	R3		0.15		≤0.15

注：假设铣刀为常用的普通高速钢铣刀。

任务三 计划与实施

学习目标：

1. 了解产品加工前的准备工作。
2. 了解数控加工工艺卡制作流程，并掌握工艺卡片制订方法。
3. 熟悉零件加工工艺流程，并掌握数控加工程序生成方法。
4. 了解生产流程表。

建议课时：28 课时。

引导问题：

本任务是在数控铣床上完成模具凸模部分的加工，那么在加工前，要做哪些准备工作呢？

学习过程：

一、生产前的准备

1. 认真阅读零件图，完成表 2-3。

表 2-3 零件图样分析表

分析项目	分析内容
标题栏信息	零件名称：　　　　零件材料： 毛坯规格：
零件形体	描述零件主要结构：
表面粗糙度	零件加工表面的表面粗糙度是多少：
其他技术要求	请描述零件其他技术要求：

2. 工量具准备

夹具：________________________________

刀具：________________

量具：________________

其他工具或辅件：________________

思考

1. 夹紧元件对工件施加力的大小应________。
2. 夹紧元件施力点尽量________表面，可防止工件在加工过程中产生振动。
3. 工件在机床上或夹具中定位后夹紧的过程称为________。
4. 工件的一个或几个自由度被不同的定位元件重复限制的定位称为________。
5. 工件在加工前，确定工件在机床或夹具中占有正确位置的过程称为________。
6. ________是违反六点定位原则的定位，在定位设计时要加以________。
7. 过定位是指定位时工件的________自由度被________定位元件重复限制。
8. 工件定位时，仅限制 4 个或 5 个自由度，即可符合加工要求的定位方式称为________。

3. 完成加工工艺卡

请结合上面学习的内容填写表 2-4。

表 2-4　加工工艺卡

单位名称		产品名称		备注
		零件名称		
		车间机床号		
		图号		
		材料		
		数量		
		毛坯尺寸/mm		
		夹具		
		第　页		
		共　页		

工序	工步	工序加工内容	软件刀路	余量/mm	刀具		切削用量			计划工时/h
					类型	尺寸	背吃刀量/mm	进给量/(mm/r)	主轴转速/(r/mm)	

更改号		拟订	校正	审核	批准
更改者				（指导老师）	
日期					

二、根据产品加工工序，生成数控程序清单

根据填写的工序卡，编写凸模零件的数控加工程序，并填入下面的数控程序清单中（表 2-5）。如表格不够，可自行附表。

表 2-5 数控程序单

序号	程序内容	备注说明

引导问题：

按照怎样的步骤才能加工出合格的零件？

三、在数控铣床上完成零件加工

分步完成零件加工，并填写表 2-6。

表 2-6 生产流程表

序号	生产内容	结果记录
1		
2		
3		
4		
5		
6		
7		
8		
9		
10		
11		
12		

任务四　工件检验与误差分析

学习目标：

1. 能进行工件的检测。
2. 能通过检测结果判定工件是否合格。
3. 能够分析工件尺寸误差产生的原因。

建议课时：12 课时。

引导问题：

工件加工完成后，需经过哪些步骤才能确认为产品合格并进行入库或转入下道工序？

学习过程：

步骤一：工件检测。

请各小组先进行工件的自检，并相互交换工件进行互检。检测结果填入表 2-7~表 2-9。

表 2-7　质量检测表

序号	检测尺寸		检测内容	检测结果		是否合格
				自检	互检	
1			误差			
2			误差			
3			误差			
4			误差			
5			误差			
6			误差			
7			误差			
8			误差			
9			误差			
10			误差			
11			误差			
12			误差			
13			误差			
14			误差			
15			误差			
16			误差			
17	最终总评	所有检测尺寸的 IT 都在公差范围,工件完整			合格品	
		有一个或多个检测尺寸的 IT 超出下极限偏差，工件不完整			废品	
		有一个或多个检测尺寸的 IT 超出上极限偏差，工件不完整			返修品	

步骤二：误差分析。

1）顶针孔中心距（25.5±0.02）mm 超差与不对称（合格则在下方标记合格，不进行分析；不合格项进行原因分析）。

答： 根据老师讲评进行订正：

2）顶针孔中心距（20.4±0.02）mm 超差或不均（合格则在下方标记合格，不进行分析；不合格项进行原因分析）。

答： 根据老师讲评进行订正：

3）导柱孔表面质量超差（合格则在下方标记合格，不进行分析；不合格项进行原因分析）。

答： 根据老师讲评进行订正：

4）型芯零件外形尺寸不合格或变形（合格则在下方标记合格，不进行分析；不合格项进行原因分析）。

答： 根据老师讲评进行订正：

步骤三：各小组汇报检测情况与分析结果。

步骤四：教师讲评。

学生在订正处进行答案修正。

步骤五：小组活动评价。

各组依据各自实训表现及学习情况完成评价量表 2-8。

表 2-8　评价量表

序	项目		自我评价	小组评价
1	专业能力	千分尺运用		
2		工件尺寸测量		
3		误差分析		
4		工作页填写		
5	方法能力	信息收集		
6	社会能力	小组协作		
7		表达能力		

教师评价：

签名：

任务五　总结与评价

学习目标：

1. 能够总结本次任务的经验与不足。
2. 能够公正评价本次任务的小组表现。
3. 能够就本次任务的小组表现及经验教训进行总结性的展示与评价。
4. 能够公正地进行任务评价。

建议课时：6 课时。

引导问题：

在完成本次加工任务后，你认为自己的收获是什么，还有哪些方面需继续努力？

学习过程：

步骤一：总结与展示。

1）请各小组回顾本次任务的过程，讨论总结出数控铣床的加工流程。

2）请总结铣削加工中刀具的使用注意事项。

3）你的铣削用量选用正确吗？在加工中是如何调整的？

4）你在本次任务中遇到的最大问题是什么？怎么解决的？

5）这次任务有什么有益的经验和做法？有什么建议？

6）你在小组中负责什么工作？你是否尽职？对于小组的工作你有什么建议？

7）小组进行任务总结，并展示。

8）教师点评。

步骤二：评价。

1）请根据小组展示情况完成表 2-9。

表 2-9　展示评价表

评价项目	配分	小组互评									
		10	9	8	7	6	5	4	3	2	1
1. 小组展示产品是否符合技术要求	10										
2. 小组的产品工艺是否合理	10										
3. 小组介绍成果表达是否清晰	10										
4. 小组展示是否把握了重点	10										
5. 小组演示产品检测方法是否正确	10										
6. 小组演示操作时是否遵循了“6S”的工作要求	10										
7. 小组的成员是否有团队协作精神	10										
8. 小组成员是否有创新精神	10										
9. 小组是否达到了学习目标	10										
10. 小组的表现是否有进步	10										
小组的总体评价	100										

2）学习过程评价，请各小组完成表 2-10。

表 2-10　学习过程评价表

评价项目	姓名		学号	日期	年　月　日		
				配分	自评分	小组评分	老师评分
着装		严格按《实习守则》要求穿戴好劳保用品		5			
平时表现评价		1. 实习期间出勤情况 2. 遵守实习场所纪律，听从实习指导教师指挥 3. 每天的实训任务完成质量 4. 良好的劳动习惯，实习岗位卫生情况		10			
综合专业技能水平	基本知识	1. 能够识读派工单和图样；能够进行加工任务分析 2. 能够表述工件加工工艺流程，完善加工工艺卡 3. 能够进行铣削用量计算，确定工序余量；确定加工方向 4. 能够运用游标卡尺正确测量工件尺寸，判定工件质量 5. 能够表述自定心卡盘的用途并进行装夹		15			
	操作技能	1. 能够进行机床的各项基本操作，独立完成工件对刀 2. 能够运用软件完成工件的造型，并进行工件加工路径的编制，能够生成程序并进行仿真验证 3. 能够完成程序的传输，并操作机床完成工件的加工 4. 能够在加工过程中控制工件尺寸 5. 能够通过检验进行质量分析		35			
	工具使用	1. 正确选择和使用数控铣工常用的工具、量具、刃具、夹具 2. 熟练操作铣床设备		5			
	情感态度评价	1. 与教师的互动，小组同学的团队合作 2. 良好的劳动习惯，注重提高自己的动手能力 3. 组员的交流、合作 4. 对动手操作实践的兴趣、态度、主动积极性		10			
	用好设备	1. 严格按工量具的型号、规格摆放整齐，保管好实习工量具 2. 严格遵守机床操作规程和工种安全操作规章制度，维护保养好设备		5			
	资源使用	节约实习消耗用品，合理使用材料		5			
	安全文明实习	1. 掌握安全操作规程和消防、灭火的安全知识 2. 严格遵守安全操作规程、实训中心的各项规章制度和实习纪律 3. 按学校实习规章制度，发生重大事故者，取消实习资格，并且实习成绩为零分		10			
	合计			100			
	评价人签名						

技能扩展　角度槽、孔加工（建议课时：12 课时）

数控铣床综合练习图样如图 2-6 所示，其评分表见表 2-11。

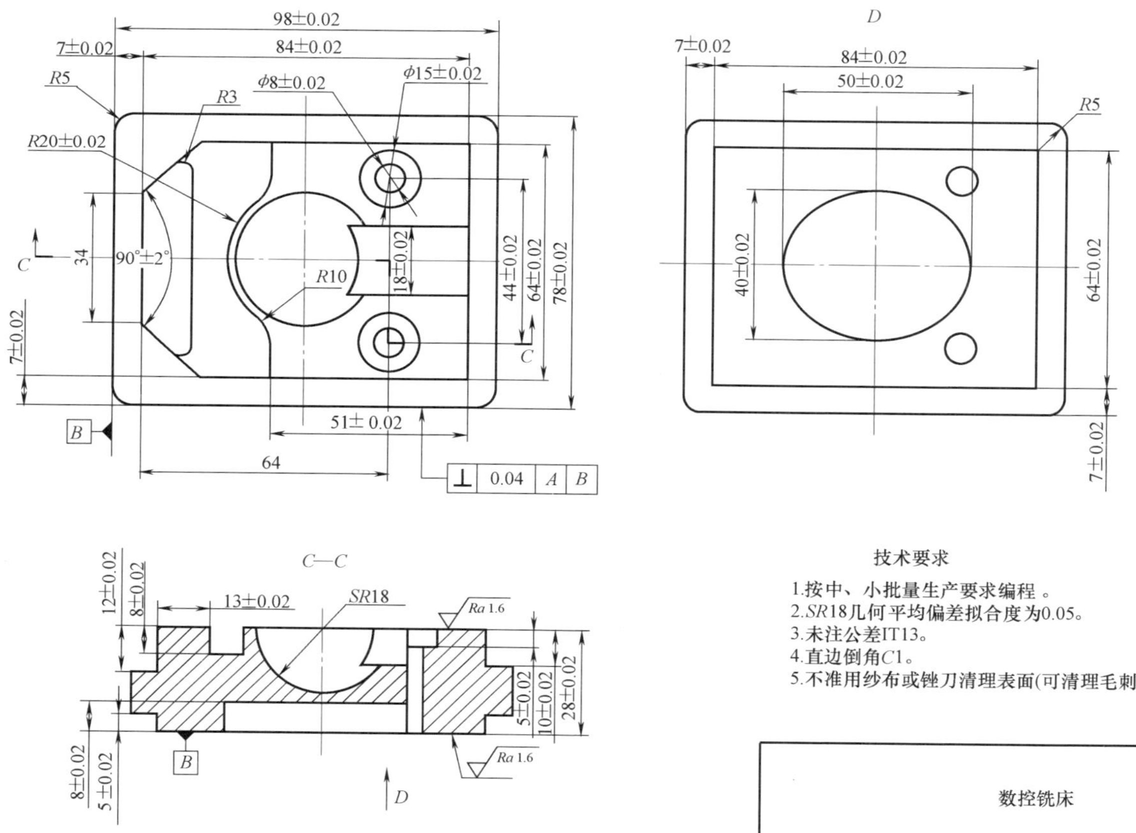

技术要求

1.按中、小批量生产要求编程 。
2.SR18几何平均偏差拟合度为0.05。
3.未注公差IT13。
4.直边倒角C1。
5.不准用纱布或锉刀清理表面(可清理毛刺)。

$\sqrt{Ra\ 3.2}$ ($\sqrt{}$)

数控铣床				比例	重量	共1张
						第1张
制图			45	学生组		
校对						
审核						

图 2-6　数控铣床综合练习图样

表 2-11　数控铣床综合练习图样评分表

编号		零件名称			姓名		班级		
定额时间	240min	考核日期			技术等级		得分		
序号	考核项目	考核内容及要求		配分	评分标准	检测结果	扣分	得分	备注
1	外形	(98±0.02)mm(长度)	IT	3	超差 0.02mm 扣 1 分				
2		(78±0.02)mm(宽度)	IT	3	超差 0.02mm 扣 1 分				
3	底面	(84±0.02)mm(长度)	IT	3	超差 0.02mm 扣 1 分				
4		(64±0.02)mm(宽度)	IT	3	超差 0.02mm 扣 1 分				
5		圆弧过渡 *R*5mm	IT	3	超差 0.02mm 扣 0.5 分				
6		(5±0.02)mm(深度)	IT	3	超差 0.02mm 扣 1 分				
7		(7±0.02)mm	IT	3	超差 0.02mm 扣 1 分				
8		(50±0.02)mm	IT	3	超差 0.02mm 扣 1 分				
9		(40±0.02)mm	IT	3	超差 0.02mm 扣 1 分				
10	正面	(84±0.02)mm(长度)	IT	3	超差 0.02mm 扣 1 分				
11		(64±0.02)mm(宽度)	IT	3	超差 0.02mm 扣 1 分				
12		(51±0.02)mm	IT	4	超差 0.02mm 扣 1 分				2 处
13		(44±0.02)mm	IT	2	超差 0.02mm 扣 1 分				
14		(18±0.02)mm	IT	2	超差 0.02mm 扣 1 分				
15		(13±0.02)mm	IT	2	超差 0.02mm 扣 1 分				
16		(7±0.02)mm	IT	2	超差 0.02mm 扣 1 分				
17		90°±2°	IT	4	超差 0.02mm 扣 1 分				
18		圆弧过渡,*R*10mm	IT	4	有明显接痕扣 1 分				
19		圆弧 *R*(20±0.02)mm	IT	2	超差 0.02mm 扣 1 分				
20		圆弧过渡,*R*10mm	IT	2	有明显接痕扣 1 分				
21		圆弧过渡,*R*3mm	IT	2	有明显接痕扣 1 分				
22		*ϕ*(8±0.02)mm	IT	3	超差 0.02mm 扣 1 分				
23		*ϕ*(15±0.02)mm	IT	3	超差 0.02mm 扣 1 分				
24		球面 *SR*18mm	IT	5	超差 0.02mm 扣 2 分				
25		(28±0.02)mm(高度)	IT	3	超差 0.02mm 扣 1 分				
26		(12±0.02)mm(高度)	IT	2					
27		(8±0.02)mm(高度)	IT	2	超差 0.02mm 扣 1 分				
28		(5±0.02)mm(深度)	IT	2	超差 0.02mm 扣 1 分				
29	几何公差	平行度 0.02mm	//	3	超差 0.02mm 扣 1 分				
30		垂直度 0.02mm(2 处)	⊥	6	超差 0.02mm 扣 1 分				
31	表面质量	表面粗糙度	*Ra*	12	超差不得分				

项目三 型腔零件加工

Project 3

知识目标

1. 了解高速加工的理念。
2. 了解高速加工相对于传统加工的优点。
3. 掌握 CAM 软件的后置参数设置。
4. 掌握槽类零件加工时刀具的合理选择方法。

技能目标

1. 能以正确的切入方式进行槽加工。
2. 能保证槽加工精度。
3. 能进行数控铣床加工操作综合技能练习。
4. 能进行综合知识扩展与应用练习。

建议课时

120 课时。

任务描述

某公司委托我单位加工一批模具。经过工艺部门研究，由于模板上孔系的位置精度要求较高，故安排在数控铣岗位加工，具体要求及尺寸如图 3-1 所示。请你根据图样要求完成该型腔零件的加工。

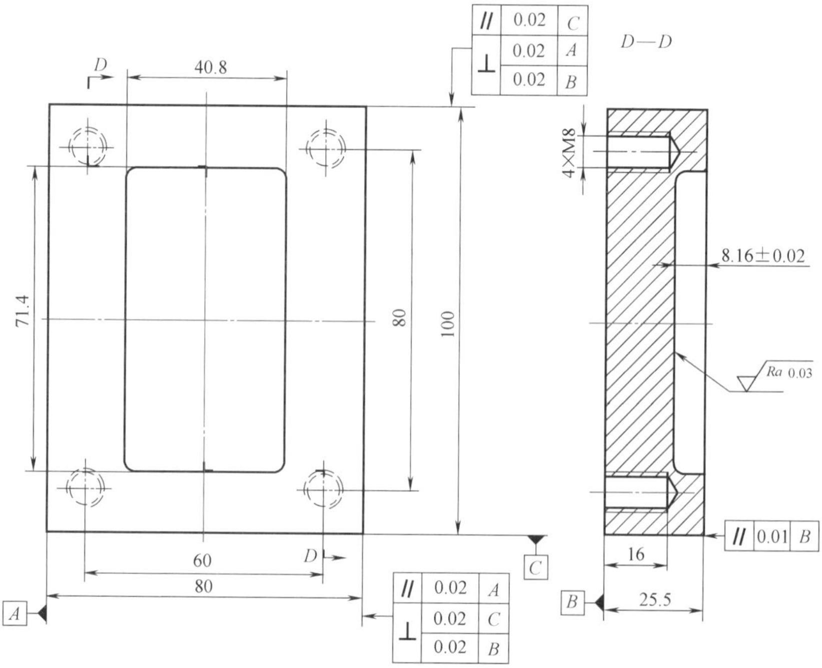

图 3-1 型腔零件

任务一　高速切削加工概念

学习目标：

1. 了解高速切削加工的概念。
2. 了解高速切削加工与传统切削加工的区别。
3. 知道如何把高速切削加工引入实际加工中。

建议课时：6课时。

引导问题：

在用机床加工零件时，受切削力及切削温度的影响，公差等级和变形量用什么方法才能保证或怎样才能改善零件的精度呢？

学习过程：

一、高速切削加工

二十世纪三十年代，德国科学家Salomon通过对不同材料进行切削试验，发现了一个有趣的现象：随着切削速度的增加，切削温度随之增加，单位切削力也随之增加，而当切削速度增加到一定临界值时，如再增加，切削温度和切削力反而急剧下降。由此，提出了高速加工的概念，所谓高速切削加工就是指切削速度高于临界速度的切削加工。与常规切削加工相比，高速切削加工有如下一些优点，其应用范围见表3-1。

1）由于采用高的切削速度和高的进给速度，高速切削加工能在单位时间内切除更多的金属材料，因而切削效率高。

2）在高速切削加工的时候，可以采用较少的步距，达到提高零件表面质量的目的，采用高速切削加工技术，可以使零件表面质量达到磨削的效果。

3）由于高速切削加工时切削力大大降低，大部分切削热被切屑带走，因而工件的变形大大减小。

正因为高速切削加工有如此多的优点，所以该技术已被应用于薄壁零件的加工，它可以节约材料，提高加工效率。

表3-1　高速切削加工的应用范围

技术优点	应用领域	事例
高去除率	轻合金、钢和铸铁加工	航天航空产品，工具、模具制造
高表面质量	精密加工、特殊工件加工	光学零件，精细零件，旋转压缩机制造
小切削力	薄壁件加工	航天航空工业，汽车工业，家用设备制造
高激振频率	避开共振频率加工	精密机械和光学工业
切屑散热	热敏感工件加工	精密机械，镁合金加工

应用高速切削加工，可以实现下列目标：

1）由于采用小的吃刀量，刀具每刃的切削量极小，因而机床主轴、导轨的受力就小，机床的寿命长，同时刀具寿命也延长了。

2）虽然吃刀量小，但由于主轴转速高，进给速度快，因此使单位时间内的金属切除量反而增加了，由此加工效率也提高了。

3）加工时可将粗加工、半精加工、精加工合为一体，全部在一台机床上完成，减少了机床台数，避免了由于多次装夹使精度产生误差。

二、高速切削加工模具相对传统切削加工模具的优势

1. 提高生产率

高速切削中由于主轴转速和进给速度的提高，因而可提高材料去除率。同时，高速切削可加工淬硬工件，许多工件一次装夹可完成粗加工、半精加工和精加工等全部工序，对复杂型面加工也可直接达到工件表面质量要求。因此，高速切削工艺往往可省却电火花加工、手工修磨等工序，缩短工艺路线，大大提高加工生产率。

2. 改善加工精度和表面质量

高速机床必须具备高刚性和高精度等性能，同时由于切削力低，工件热变形减小，刀具变形小，因此高速切削的加工精度很高。吃刀量较小，而进给速度较快，加工表面粗糙度值小，切削铝合金时可达 Ra0.4～0.6μm，切削钢件时可达 Ra0.2～0.4μm。

3. 减少切削产生的热量

因为高速切削加工是浅切削，同时进给速度很快，切削刃和工件的接触长度和接触时间非常短，减少了切削刃和工件的热传导，避免了传统加工时在刀具和工件接触处产生大量热的缺点，保证刀具在温度不高的条件下工作，延长了刀具寿命。图 3-2a 所示为高速切削加工时的热传导过程，图 3-2b 所示为传统加工时的热传导过程。

4. 有利于加工薄壁零件

高速切削时的切削力小，有较高的稳定性，可高质量地加工出薄壁零件。采用图 3-3 所示分层顺铣的加工方法，可高速切削出壁厚为 0.2mm，壁高为 20mm 的薄壁零件。此时，切削刃和工件的接触时间非常短，避免了侧壁的变形。

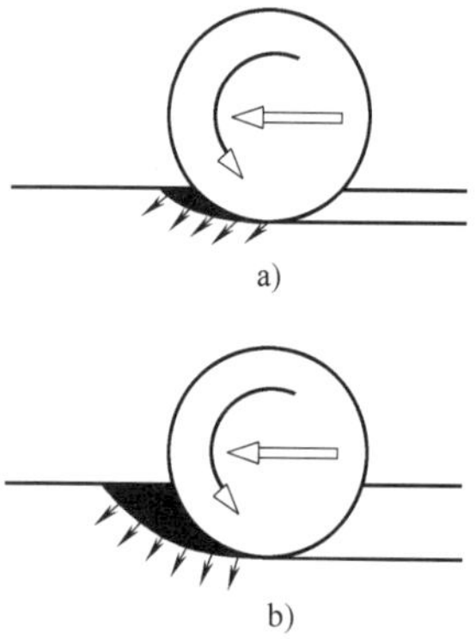

图 3-2　切削散热量

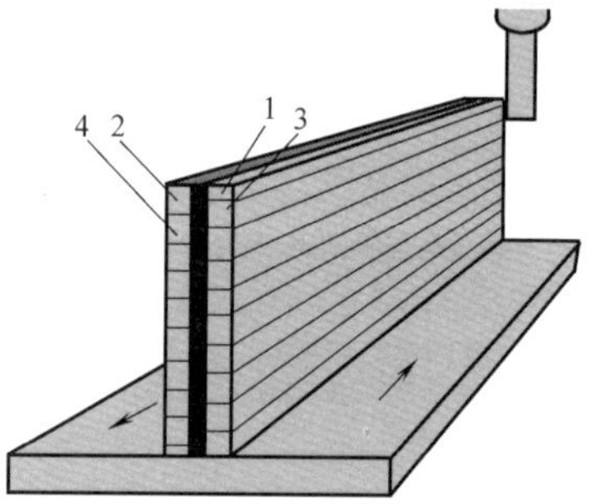

图 3-3　高速切削薄壁零件

注：图中序号为加工顺序。

5. 可部分替代某些工艺，如电火花加工、磨削加工等。

三、高速切削加工工艺关键技术

1. 切削方式的选择

在高速切削加工中，应尽量选用顺铣加工，因为在顺铣时，刀具刚切入工件时产生的切

屑厚度最大，随后逐渐减小。在逆铣时，刀具刚切入工件时产生的切屑厚度最小，随后逐渐增厚，这样增加了刀具与工件的摩擦，在切削刃上产生大量热量，所以在逆铣中产生的热量比在顺铣时多很多，背向力也大大增加。同时在顺铣中，切削刃主要受压应力，而在逆铣中切削刃受拉应力，受力状态较恶劣，降低了刀具寿命。顺铣和逆铣时刀具切入工件的过程，如图 3-4 所示。

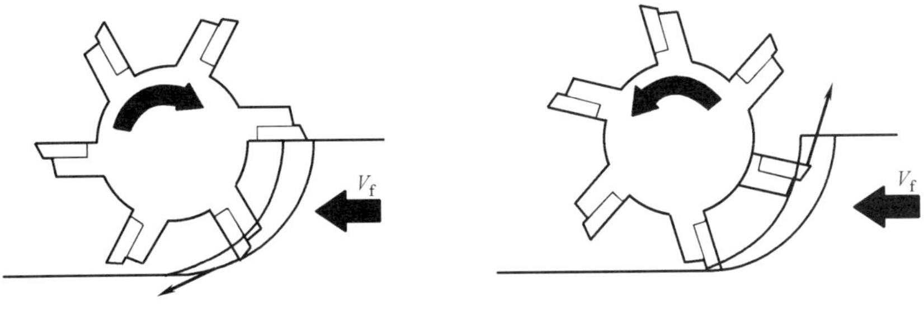

图 3-4　刀具切入工件的过程示意

2. 保持恒定的金属去除率

高速切削加工适于小的吃刀量，背吃刀量 a_p（侧吃刀量 a_e）不应超过 0.2mm，这是为避免刀具的位置偏差，确保加工模具的几何精度。保持恒定的金属去除率，可以保证加在工件上的切削载荷是恒定的，对于保证加工效果有以下几个优点：

1）可保持恒定的切削负载。

2）可保持切屑尺寸的恒定。

3）有较好的热传导效果。

4）刀具和工件均保持在较冷的状态。

5）不必频繁操作进给量和主轴转速。

6）可延长刀具寿命。

7）能保证较好的加工质量等。

3. 走刀方式的选择

对于带有敞口型腔的区域，尽量从材料的外部走刀，以实时分析材料的切削状况。而对于没有型腔的封闭区域，采用螺旋进刀方式，在局部区域切入。

4. 尽量减少刀具的急速换向

尽量减少刀具的急速换向。由于之字形模式主要应用于传统加工，在高速切削加工中主要选择回路或单一路径切削。这是因为在换向时数控机床必须立即停止（紧急降速），然后再执行下一步操作，由于机床的加速局限性，而容易造成时间的浪费，急停或急动则会破坏表面精度，且有可能因为过切而产生拉刀或在外拐角处咬边。选择单一路径切削模式来进行顺铣，尽可能不中断切削过程和刀具路径，尽量减少刀具的切入切出次数，以获得相对稳定的切削过程。

引导问题：

参照表 3-2 试分析在用机床加工零件时，受到切削力及切削温度的影响，用什么方法才能保证公差等级和变形量或改善零件的精度呢？

表 3-2 各种涂层特性

涂层	颜色	涂层硬度 HV	摩擦因数	氧化开始温度/℃
TiN	金色	2000	0.4	500
TiCN	青紫色	2700	0.3	400
TiAlN	黑紫色	2800	0.3	850
CrN	灰色	1800	0.25	700
金刚石	黑色	900	0.15	600
DL	黑紫色	3000	0.1	300

思考

1）请根据高速切削加工的特点，对比传统加工，对所编制的加工轨迹进行优化，并将优化情况记录于表 3-3。

表 3-3 加工优化记录表

加工轨迹名称	加工位置	原轨迹情况	优化内容	备注

2）请总结高速切削加工与传统切削加工的区别，绘制综合情况对比表。

任务二 CAM 软件的后置设置

学习目标：

1. 了解软件及机床操作系统后置设置的概念。
2. 掌握常用机床操作系统后置设置的配置和要求。
3. 掌握加工现场数控机床操作实施和应用。

建议课时：6 课时。

学习过程：

在使用 CAXA 制造工程师软件自动生成加工程序时，会发现程序格式与平时手工编程格式不一样，加工工件时需要更改程序，既耽误时间，影响程序传送，又影响加工节奏。现将更改后置方法介绍如下：

一、系统宏常用指令代码说明

宏指令代码及含义见表 3-4。

表 3-4 宏指令代码及含义

系统宏代码	含　义
$	分隔符号(空格)
@	换行符号

（续）

系统宏代码	含　义
#	跳过，不执行指令
WCOORD	G54
COORD_Z	刀具起始点 Z 的坐标
SPN_F	主轴转速符号
SPN_SPEED	主轴转速
SPN_CW	主轴正转
SPN_OFF	主轴停
PRO_STOP	程序停止
COOL_ON	切削液开
COOL_OFF	切削液关
TOOL_NO	刀具号
COMP_NO	刀具长度补偿号

例：@ T $ TOOL_NO M6　表示：换刀，T1M6　（“1”当前刀具号）
　@ G043 $ H $ COMP_NO 表示：刀具长度补偿 G043 H1（“1”当前刀具长度补偿号）

二、SIEMENS 802S 后置设置

SIEMENS 802S 后置设置步骤如图 3-5～图 3-13 所示。

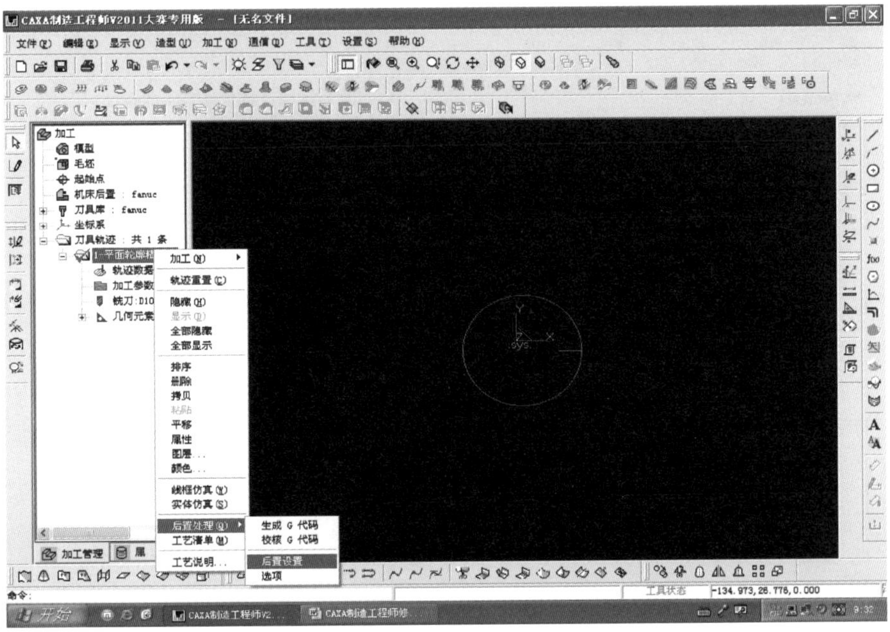

图 3-5 “后置设置”更改命令

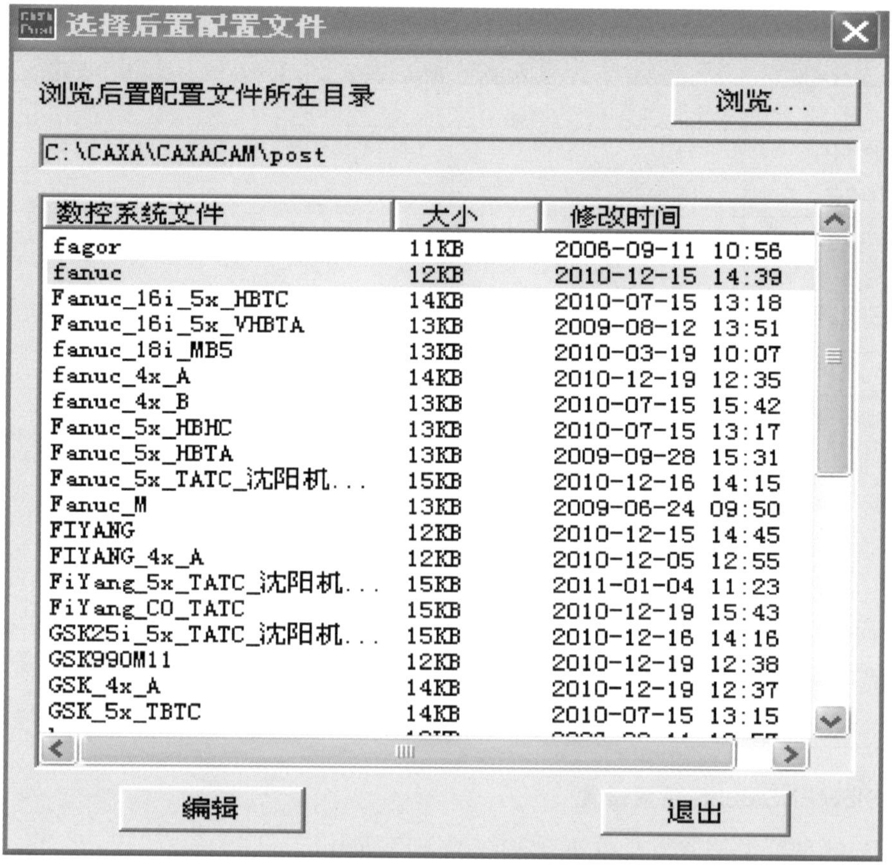

图 3-6 选择需更改的后置文件的数控系统

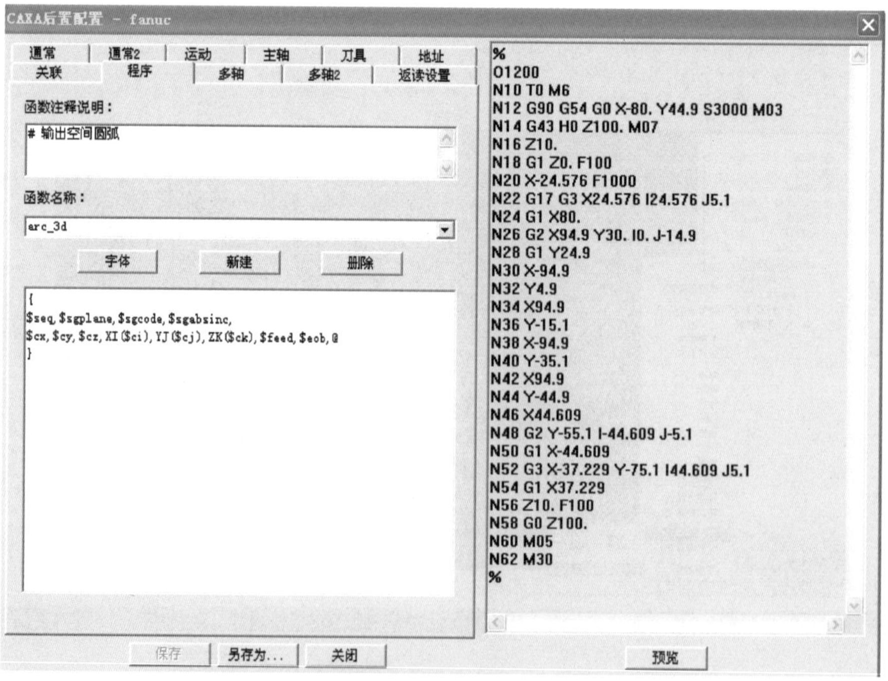

图 3-7 在后置配置窗口中选择“程序”选项卡

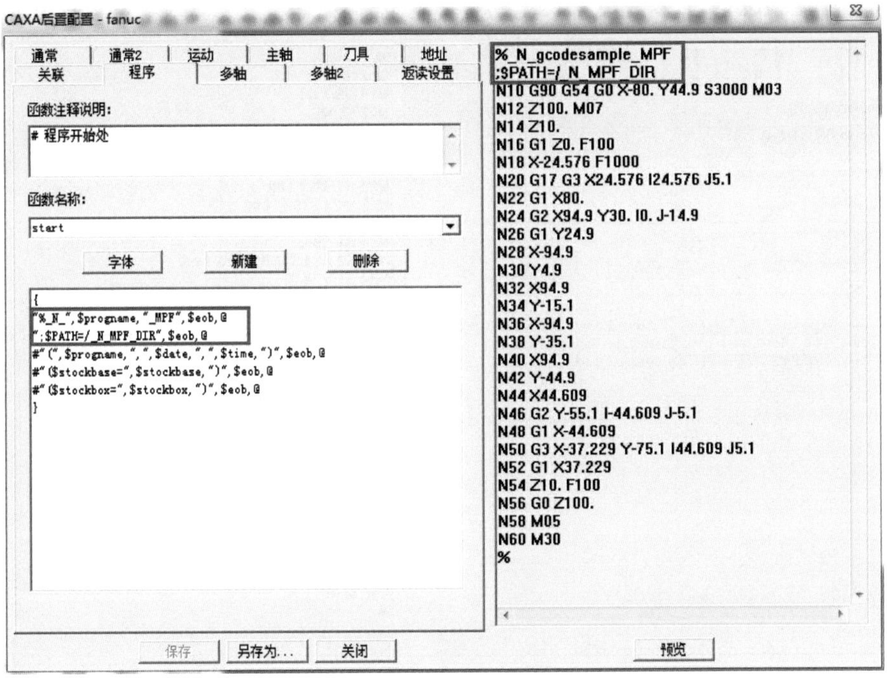

图 3-8　在“函数名称”中选择“start”（程序开始处）

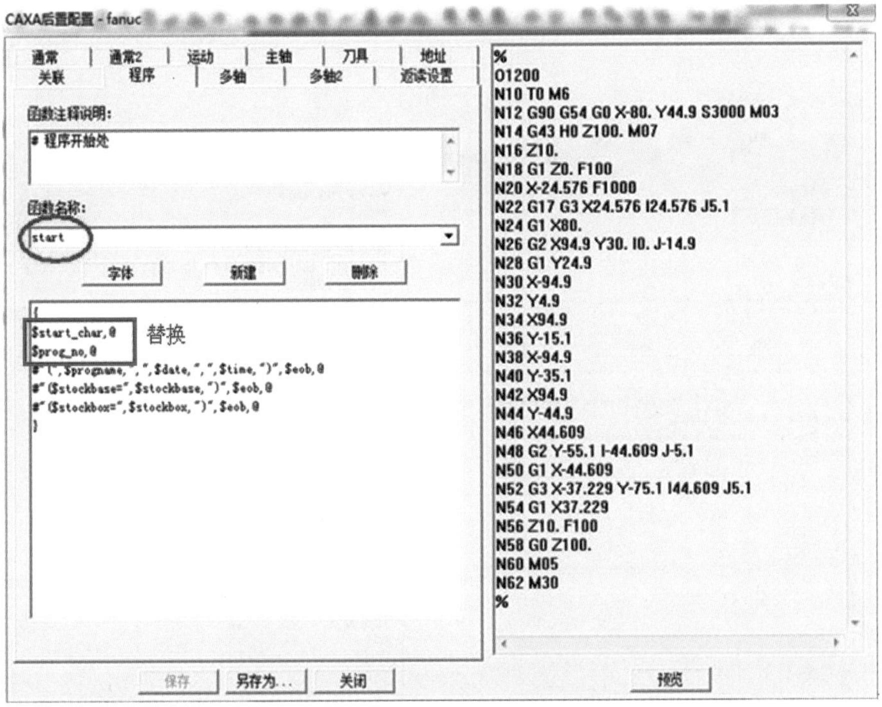

图 3-9　把原程序头替换为 SIEMENS802 传输路径：（程序传输头）

"%_ N_ ", $ Progname," _ MPF", $ eob, @ ";

$ PATH=/_ N_ MPF_ DIR", $ eob, @

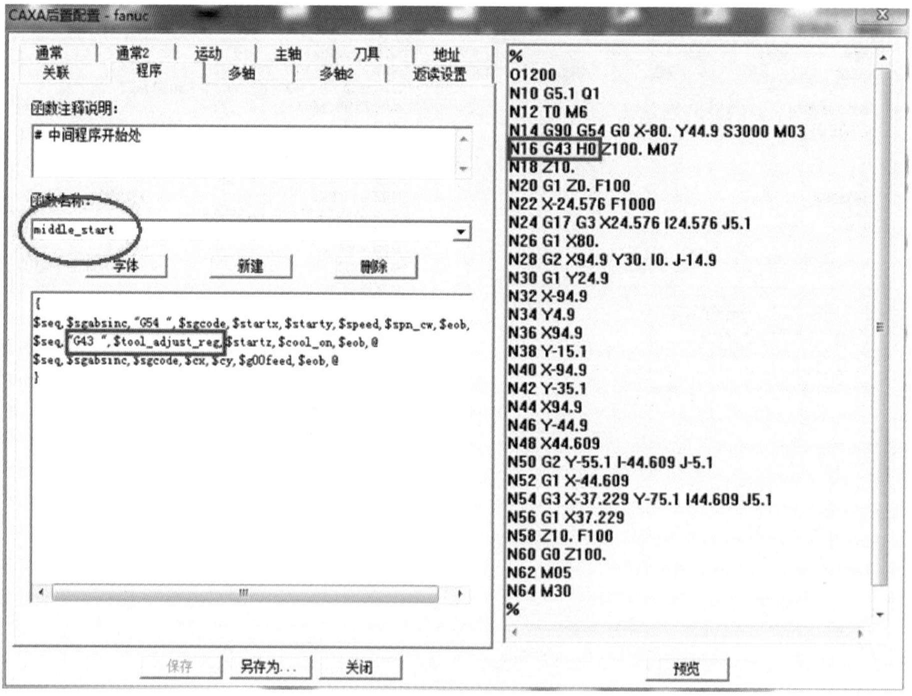

图 3-10　不需刀具长度补偿时更改如下："在函数名称"中选择"middle_ start"（中间程序开始处）

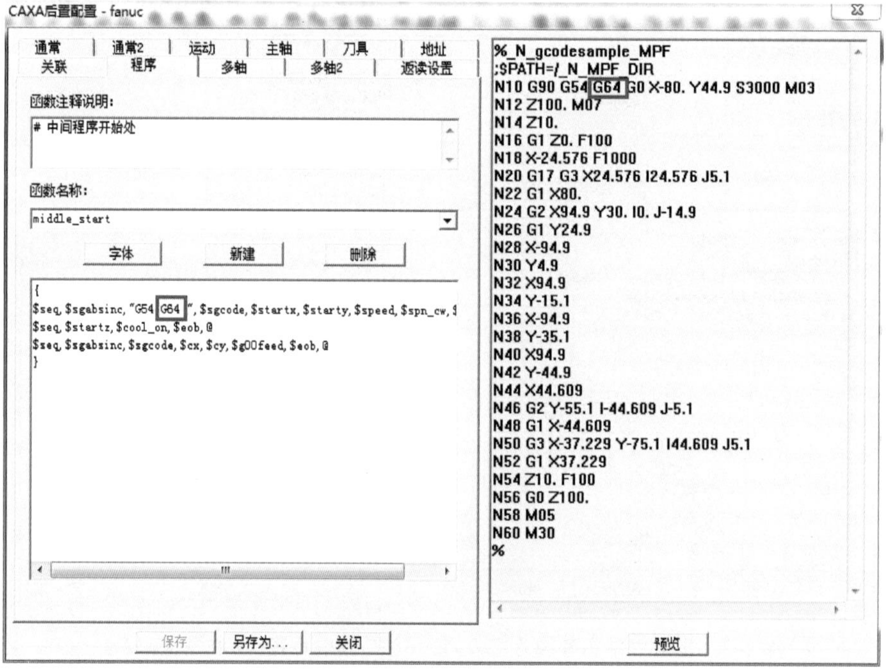

图 3-11　添加连续切削方式指令"G64"

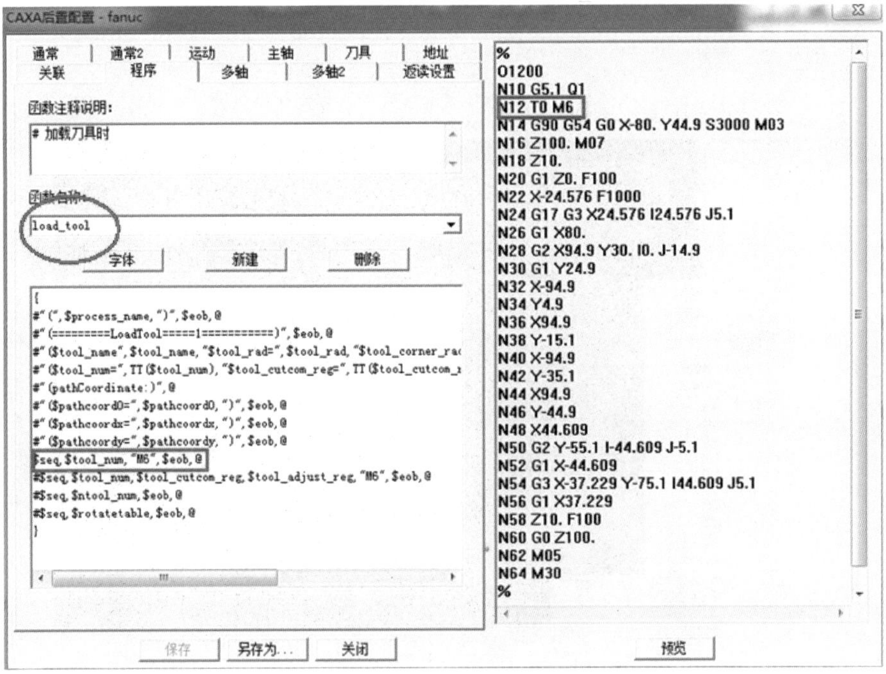

图 3-12　删除调用刀具指令：在“函数名称”中选择“load_ tool”（加载刀具）

不需调用用具时更改如下：

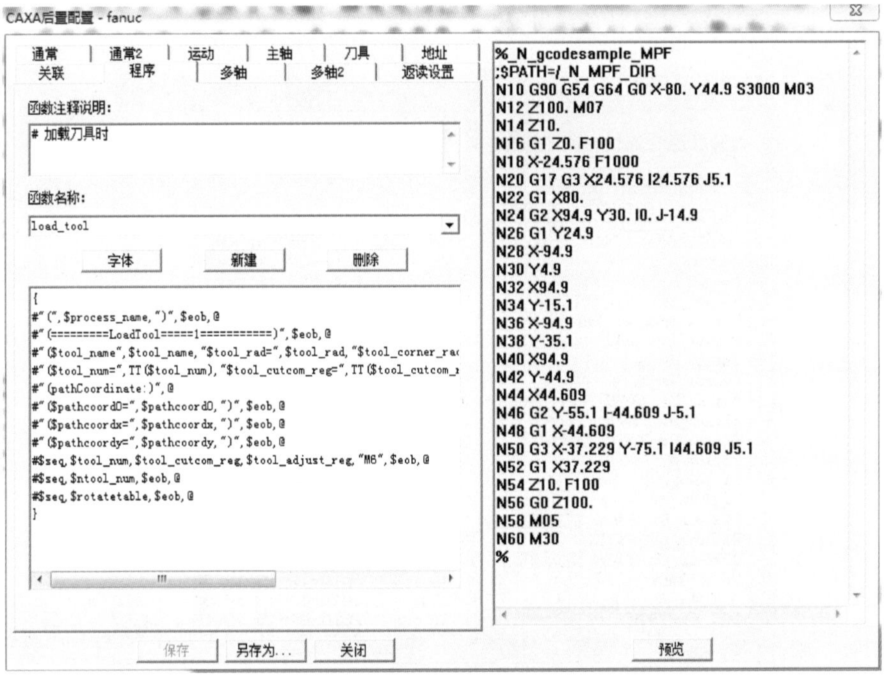

图 3-13　设置完成

三、FANUC 0*i* MD 后置设置

FANUC 0*i* MD 后置设置步骤如图 3-14～图 3-20 所示。

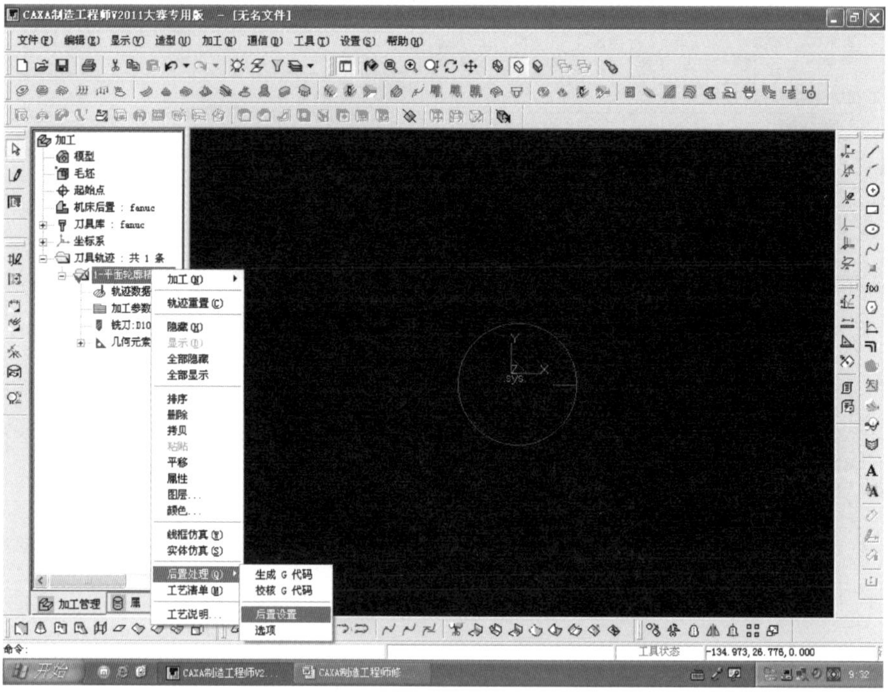

图 3-14　选择“后置设置”更改命令

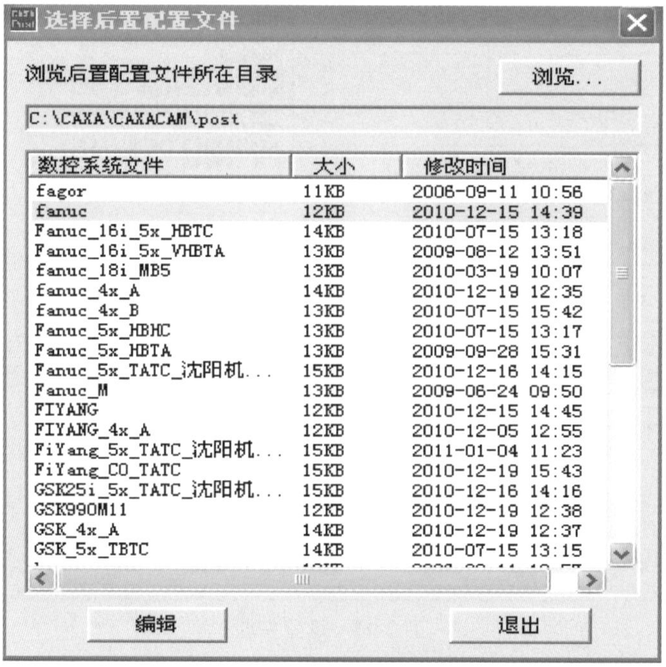

图 3-15　选择后置配置文件

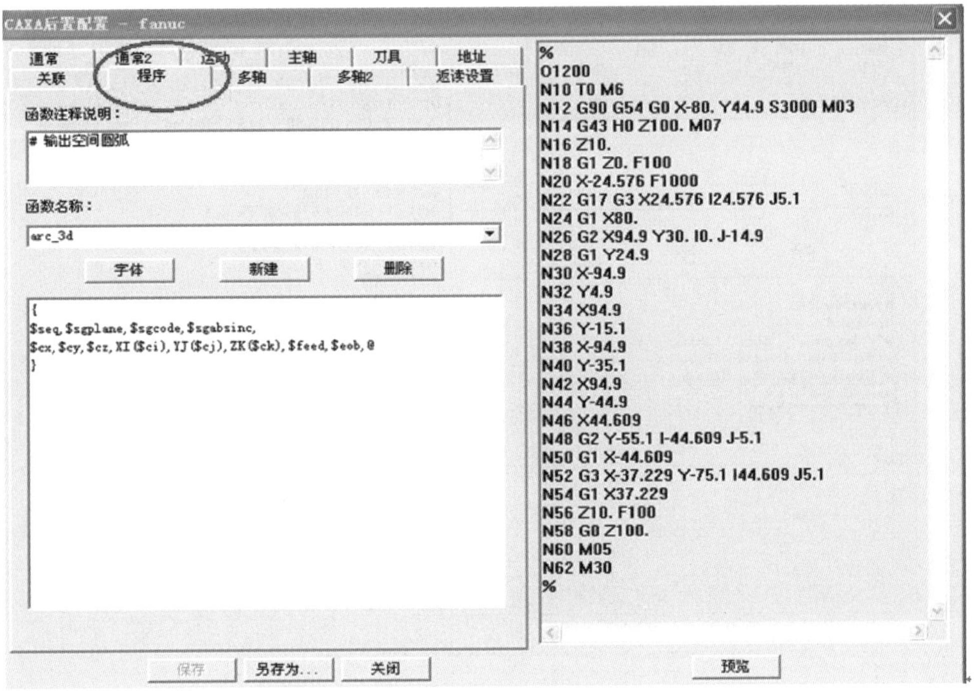

图 3-16　在后置配置窗口中选择“程序”选项卡

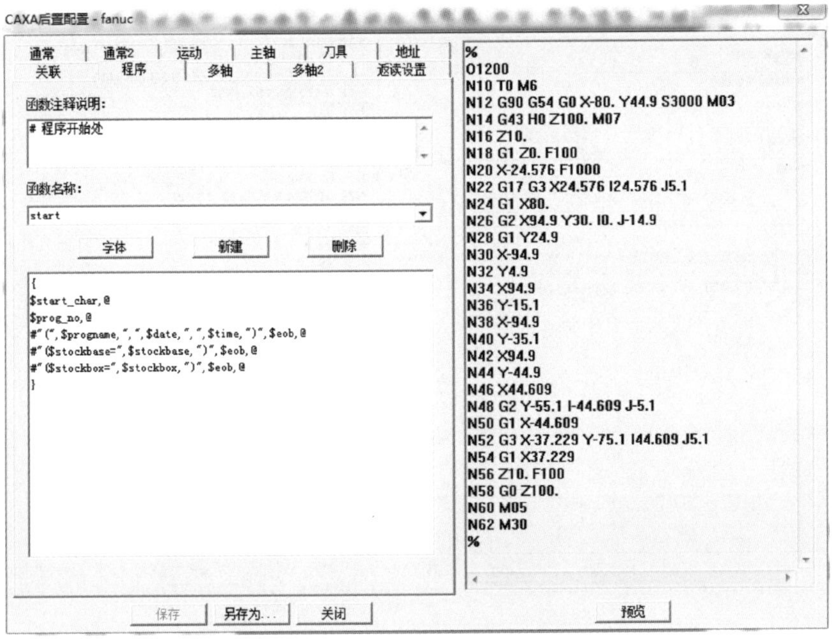

图 3-17　在“函数名称”中选择“start”（程序开始处）

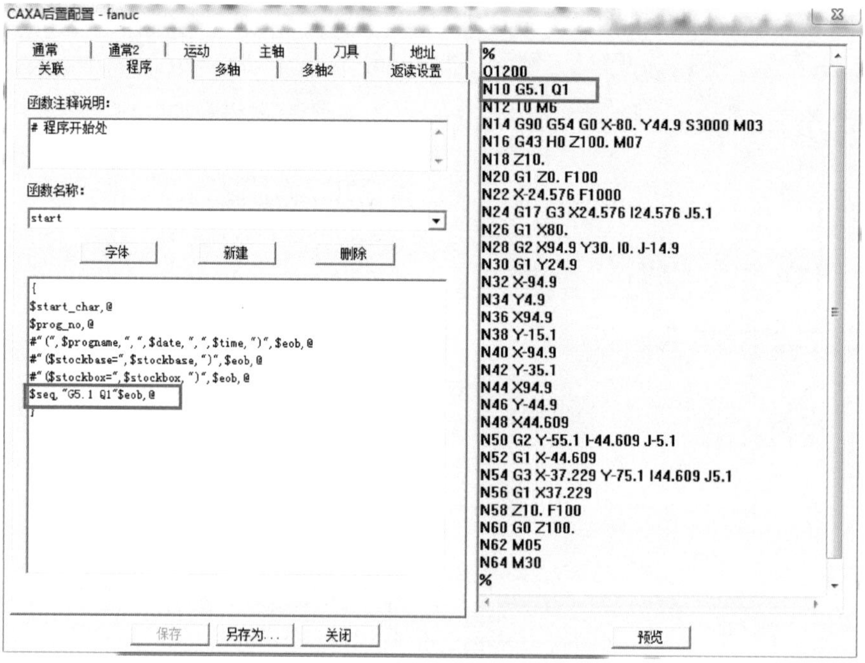

图 3-18　添加 AI 先行控制/轮廓控制指令

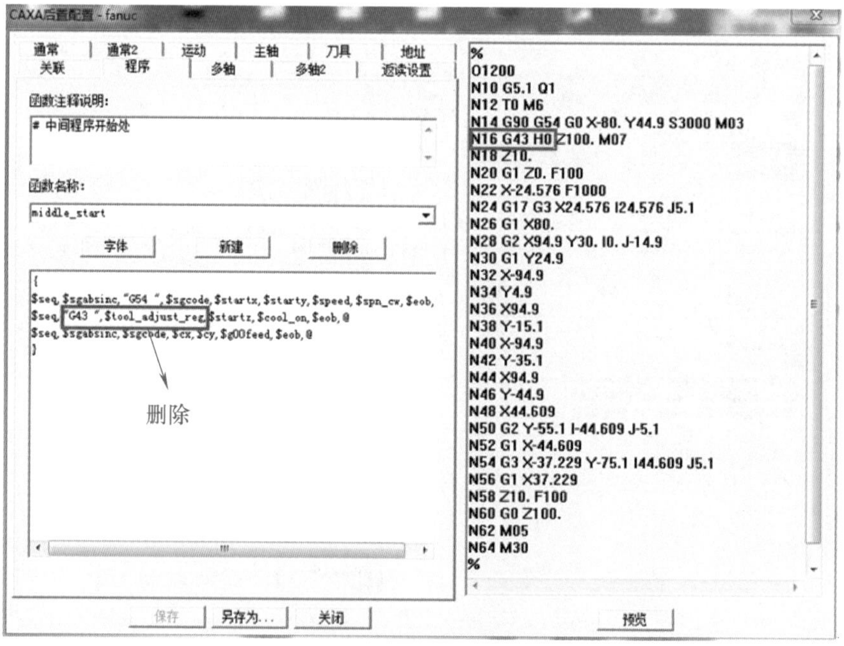

图 3-19　不需刀具长度补偿时更改如：在“函数名称”中选择“middle_ start”（中间程序开始处）删除刀具长度补偿指令

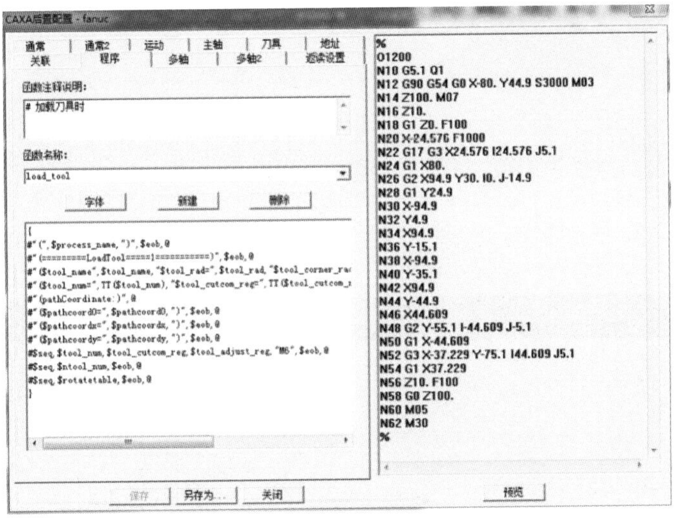

图 3-20　不需调用刀具时更改如下：在“函数名称”中选择“load_ tool”（加载刀具）删除调用刀具指令

任务三　计划与实施

学习过程：

1. 了解产品加工前的准备工作。
2. 了解数控加工工艺卡，并掌握工艺卡片的制订方法。
3. 熟悉零件加工工艺流程，并掌握数控加工程序生成方法。
4. 了解生产流程表。

建议课时：28 课时。

引导问题：

本学习任务是在数控铣床上完成模具凸模部分的加工，在加工前，要做哪些准备工作？

学习过程：

一、生产前的准备

1）认真阅读零件图，完成表 3-5。

表 3-5　图样分析表

分析项目	分 析 内 容
标题栏信息	零件名称：　　　　零件材料： 毛坯规格：
零件形体	描述零件主要结构：
表面粗糙度	零件加工表面粗糙度：
其他技术要求	请描述零件其他技术要求：

2）工量具准备

夹具：________________

刀具的种类：________________

量具的种类：________________

其他工具或辅件：________________

3）完成加工工艺卡。请结合上面学习的内容填写表 3-6。

表 3-6　加工工艺卡

<table>
<tr><th>单位名称</th><th></th><th>产品名称</th><th></th><th>备注</th></tr>
<tr><td colspan="2" rowspan="9"></td><td>零件名称</td><td></td><td></td></tr>
<tr><td>车间机床号</td><td></td><td></td></tr>
<tr><td>图号</td><td></td><td></td></tr>
<tr><td>材料</td><td></td><td></td></tr>
<tr><td>数量</td><td></td><td></td></tr>
<tr><td>毛坯尺寸/mm</td><td></td><td></td></tr>
<tr><td>夹具</td><td></td><td></td></tr>
<tr><td>第　页</td><td></td><td></td></tr>
<tr><td>共　页</td><td></td><td></td></tr>
</table>

<table>
<tr><td rowspan="2">工序</td><td rowspan="2">工步</td><td rowspan="2">工序加工内容</td><td rowspan="2">软件刀具路径</td><td rowspan="2">余量/mm</td><td colspan="2">刀具</td><td colspan="3">切削用量</td><td rowspan="2">计划工时/h</td></tr>
<tr><td>类型</td><td>尺寸</td><td>背吃刀量/mm</td><td>进给量/(mm/r)</td><td>主轴转速/(r/min)</td></tr>
<tr><td></td><td></td><td></td><td></td><td></td><td></td><td></td><td></td><td></td><td></td><td></td></tr>
<tr><td></td><td></td><td></td><td></td><td></td><td></td><td></td><td></td><td></td><td></td><td></td></tr>
<tr><td></td><td></td><td></td><td></td><td></td><td></td><td></td><td></td><td></td><td></td><td></td></tr>
<tr><td></td><td></td><td></td><td></td><td></td><td></td><td></td><td></td><td></td><td></td><td></td></tr>
<tr><td></td><td></td><td></td><td></td><td></td><td></td><td></td><td></td><td></td><td></td><td></td></tr>
<tr><td>更改号</td><td colspan="2"></td><td colspan="2">拟订</td><td colspan="2">校正</td><td colspan="3">审核</td><td>批准</td></tr>
<tr><td>更改者</td><td colspan="2"></td><td colspan="2"></td><td colspan="2"></td><td colspan="3">（指导老师）</td><td></td></tr>
<tr><td>日期</td><td colspan="2"></td><td colspan="2"></td><td colspan="2"></td><td colspan="3"></td><td></td></tr>
</table>

二、根据产品加工工序，生成数控程序清单

根据填写的加工工艺卡，编写凸模零件的数控加工程序，并填入表 3-7 中。如表格不够，可自行附表。

表 3-7　数控程序清单

序号	程序内容	备注说明

（续）

序号	程序内容	备注说明

数控铣床日常维护（表 3-8）。

表 3-8　数控铣床日常维护项目表

序号	检查周期	检查部位	检查要求	检查结果
1	每天	导轨润滑油箱	检查油量，及时添加润滑油，润滑泵是否定时起动停止	
2	每天	主轴润滑恒温油箱	是否正常工作，油量是否充足，温度范围是否合适	
3	每天	机床液压系统	油箱液压泵有无异常噪声，液压油是否合适，压力表指示是否正常，管路接头有无漏油	
4	每天	压缩空气气源压力	气动控制系统的压力是否在正常范围内	
5	每天	气源自动分水滤气器，自动空气干燥器	及时清理分水器中滤出的水分，检查自动空气干燥器是否正常工作	
6	每天	气源转换器和增压器油面	油量是否充足，不足时及时补充	
7	每天	*X* 轴、*Y* 轴、*Z* 轴导轨面	清除金属屑和脏物，检查导轨面有无划伤和损坏、润滑是否充分	
8	每天	液压平衡系统	平衡压力指示是否正常，快速移动时平衡阀工作是否正常	
9	每天	各种防护装置	导轨、机床防护罩是否齐全，防护罩移动是否正常	
10	每天	电气柜通风散热装置	各电气柜中散热风扇是否正常工作，风道滤网有无堵塞	

引导问题：

按照怎样的步骤才能加工出合格的零件？

三、在数控铣床上完成零件加工

分步完成零件加工，填写表 3-9。

表 3-9　生产流程表

序号	生产内容	结果记录
1		
2		
3		
4		
5		
6		
7		
8		
9		
10		
11		
12		
13		

任务四　工件检验与误差分析

学习目标：

1. 能进行工件的检测。
2. 能通过检测结果判定零件是否合格。
3. 能够分析工件尺寸误差产生原因。

建议课时： 12 课时。

引导问题：

零件加工完成后，需经过哪些步骤才能确认为合格产品，并进行入库或转入下道工序？

学习过程：

步骤一：工件检测。

请各小组先进行工件的自检，并相互交换工件进行互检。检测结果录入表 3-10 ~ 表 3-12。

表 3-10　质量检测表

序号	检测尺寸		检测内容	检测结果		是否合格
				自检	互检	
1			IT			
2			IT			
3			IT			
4			IT			
5			IT			
6			IT			
7			IT			
8	最终总评	所有检测尺寸的 IT 都在公差范围，工件完整			合格品	
		有一个或多个检测尺寸的 IT 超出下极限偏差，工件不完整			废品	
		有一个或多个检测尺寸的 IT 超出上极限偏差，工件不完整			返修品	

步骤二：误差分析

1）腔体表面质量表面粗糙度（合格则在下方标记合格，不进行分析；不合格项进行原因分析）。

答：　　　　　　　　　　　　　　　　　　　　根据老师讲评进行订正：

2）型腔零件表面与四周保证垂直度公差 0.02mm（合格则在下方标记合格，不进行分析；不合格项进行原因分析）

答：　　　　　　　　　　　　　　　　　　　　根据老师讲评进行订正：

3）型腔零件外形尺寸不合格或变形（合格则在下方标记合格，不进行分析；不合格项进行原因分析）。

答：　　　　　　　　　　　　　　　　　　　　　　　　根据老师讲评进行订正：

步骤三：各小组汇报检测情况与分析结果。

步骤四：教师讲评。

学生在订正处进行答案修正。

步骤五：小组活动评价。

各组依据各自实训表现及学习情况完成评价量表3-11。

表3-11　评价量表

序	标准/指标		自我评价	小组评价
1	专业能力	游标卡尺运用		
2		工件尺寸测量		
3		误差分析		
4		工作页填写		
5	方法能力	信息收集		
6	社会能力	小组协作		
7		表达能力		

教师评价：

签名：

机床清洁与保养记录单见表3-12。

表3-12　机床清洁与保养记录单

序号	内　容	要　求	结果记录
1	刀具	拆卸、整理、归位	
2	量具	清洁、保养、归位	
3	工具	整理、归位	
4	工作台	清洁、保养、回零	
5	导轨	清洁、保养	
6	主轴	清洁、保养	
7	机床外观	清洁	
8	电源	关闭	
9	切屑	清扫	
10	工作区域	清扫	

任务五　总结与评价

学习目标：

1. 能够总结本次任务的经验与不足。
2. 能够公正评价本次任务的小组表现。
3. 能够就本次任务的小组表现及经验教训进行总结性的展示与评价。
4. 能够公正地进行任务评价。

建议课时：6 课时。

引导问题：

在完成本次加工任务后，你认为自己的收获是什么，还有哪些方面需继续努力？

学习过程：

步骤一：总结与展示。

1）请各小组回顾本次任务的过程，讨论总结出数控铣床的加工流程。

2）请总结铣削加工中刀具使用的注意事项。

3）你的铣削用量选用正确吗？在加工中是如何调整的？

4）你在本次任务中遇到的最大问题是什么？怎么解决的？

5）这次任务有什么有益的经验和做法？有什么建议？

6）你在小组中负责什么工作？你是否尽职？对于小组的工作你有什么建议？

7）小组进行任务总结，并展示。

8）教师点评。

步骤二：评价。

1）请根据小组展示情况完成表 3-13。

表 3-13　展示评价表

评价项目	配分	小组互评									
		10	9	8	7	6	5	4	3	2	1
1. 小组展示产品是否符合技术要求	10										
2. 小组的产品工艺是否合理	10										
3. 小组介绍成果表达是否清晰	10										
4. 小组展示是否把握了重点	10										
5. 小组演示产品检测方法是否正确	10										
6. 小组演示操作时是否遵循了“6S”的工作要求	10										
7. 小组的成员是否有团队协作精神	10										
8. 小组成员是否有创新精神	10										
9. 小组是否达到了学习目标	10										
10. 小组的表现是否有进步	10										
小组的总体评价	100										

2）学习过程评价。请各小组完成表 3-14。

表 3-14　学习过程评价表

评价项目	姓名		学号		日期	年　月　日		
					配分	自评分	小组评分	老师评分
着装	严格按《实习守则》要求穿戴好劳保用品				5			
平时表现评价	1. 实习期间出勤情况 2. 遵守实习场所纪律，听从实习指导教师指挥 3. 每天的实训任务完成质量 4. 良好的劳动习惯，实习岗位卫生情况				10			

（续）

评价项目	姓名	学号	日期	年　月　日		
			配分	自评分	小组评分	老师评分
综合专业技能水平	基本知识	1. 能够识读派工单和图样；能够进行加工任务分析 2. 能够表述工件加工工艺流程，完善加工工艺卡 3. 能够进行铣削用量计算，确定工序余量；确定加工方向 4. 能够运用游标卡尺正确测量工件尺寸，判定工件质量 5. 能够表述自定心卡盘的用途并进行装夹	15			
	操作技能	1. 能够进行机床的各项基本操作，独立完成工件对刀 2. 能够运用软件完成工件的造型，并进行工件加工路径的编制，能够生成程序并进行仿真验证 3. 能够完成程序的传输，并操作机床完成工件的加工 4. 能够在加工过程中控制工件尺寸 5. 能够通过检验进行质量分析	35			
	工具使用	1. 正确选择和使用数控铣工常用的工具、量具、刃具、夹具 2. 熟练操作铣床设备	5			
	情感态度评价	1. 与教师的互动，小组同学的团队合作 2. 良好的劳动习惯，注重提高自己的动手能力 3. 组员的交流、合作 4. 对动手操作实践的兴趣、态度、主动积极性	10			
	用好设备	1. 严格按工量具的型号、规格摆放整齐，保管好实习工量具 2. 严格遵守机床操作规程和工种安全操作规章制度，维护保养好设备	5			
	资源使用	节约实习消耗用品，合理使用材料	5			
	安全文明实习	1. 掌握安全操作规程和消防、灭火的安全知识 2. 严格遵守安全操作规程、实训中心的各项规章制度和实习纪律 3. 按学校实习规章制度，发生重大事故者，取消实习资格，并且实习成绩为零分	10			
	合计		100			
	评价人签名					

技能扩展　曲面连接加工（建议课时：12 课时）

数控铣床/加工中心综合练习图样如图 3-21 所示。数控铣床/加工中心，综合练习图样评分表见表 3-15。

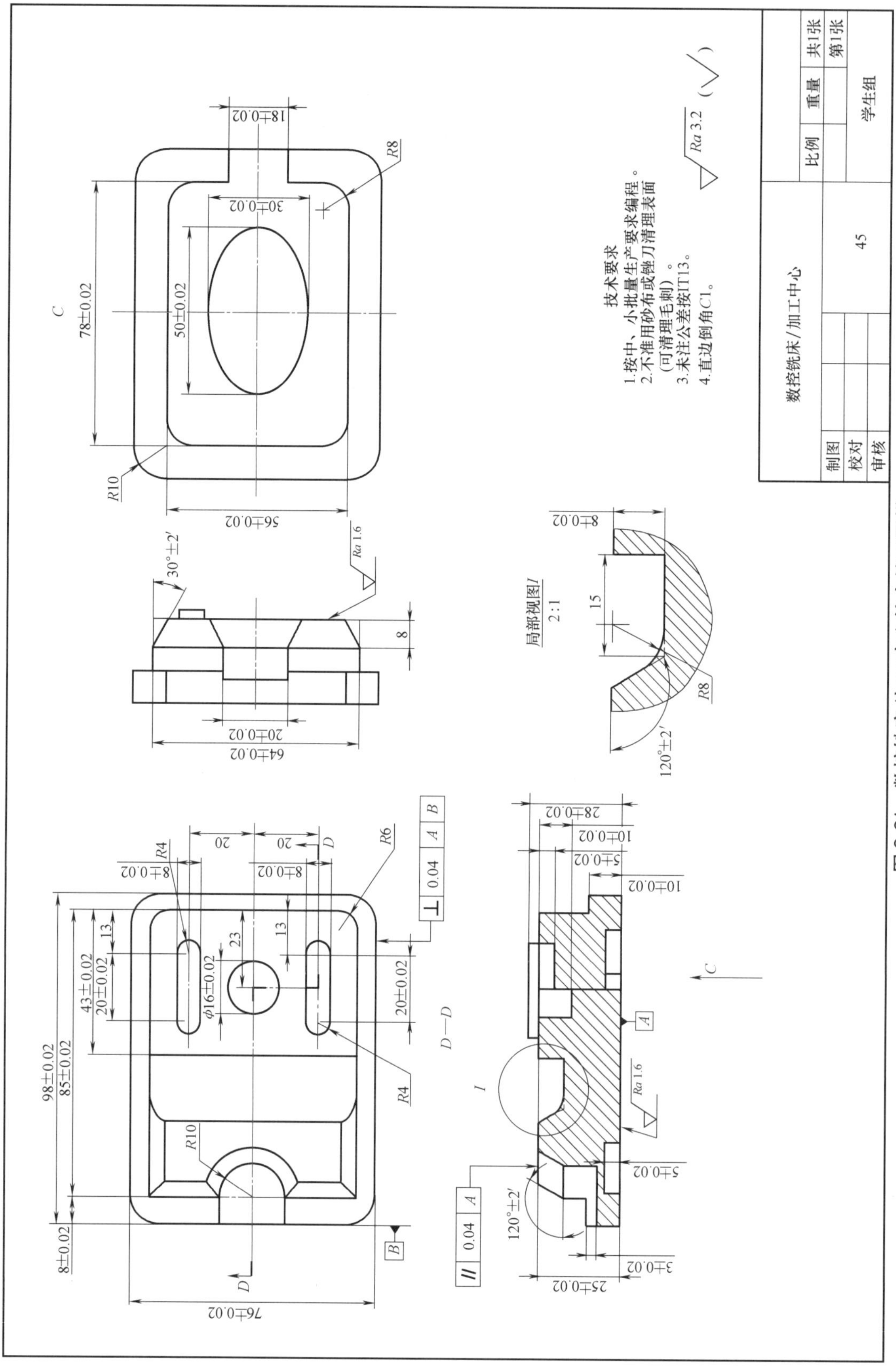

图 3-21 数控铣床/加工中心综合练习图样

表 3-15 数控铣床/加工中心综合练习图样评分表

编号		零件名称			姓名		班级		
定额时间		240min	考核日期		技术等级		得分		
序号	考核项目	考核内容及要求		配分	评分标准	检测结果	扣分	得分	备注
1	外形	(98±0.02)mm(长度)	IT	3	超差无分				
2		(76±0.02)mm(宽度)	IT	3	超差无分				
3	底面	(78±0.02)mm(长度)	IT	3	超差无分				
4		(56±0.02)mm(长度)	IT	3	超差无分				
5		(50±0.02)mm	IT	3	超差无分				
6		(30±0.02)mm	IT	3	超差无分				
7		(18±0.02)mm	IT	2	超差无分				
8		圆弧过渡,*R*10mm	IT	2	有明显接痕无分				
9		圆弧过渡,*R*8mm	IT	2	有明显接痕无分				
10		(5±0.02)mm(深度)	IT	2	超差无分				
11	正面	(85±0.02)mm(长度)	IT	3	超差无分				
12		(64±0.02)mm(宽度)	IT	3	超差无分				
13		(43±0.02)mm(长度)	IT	2	超差无分				
14		(20±0.02)mm(凸槽)	IT	2	超差无分				
15		(20±0.02)mm(凹槽)	IT	2	超差无分				
16		(8±0.02)mm(凸槽)	IT	2	超差无分				
17		(8±0.02)mm(凹槽)	IT	2	超差无分				
18		ϕ(16±0.02)mm	IT	3	超差无分				
19		圆弧过渡,×*R*6mm	IT	2	有明显接痕无分				
20		30°±2′ 120°±2′	IT	4	超差无分				
21		*R*8mm	IT	2	有明显接痕无分				
22		*R*4mm	IT	2	有明显接痕无分				
23		*R*10mm	IT	4	有明显接痕无分				
24		(28±0.02)mm(高度)	IT	3	超差无分				
25		(25±0.02)mm(高度)	IT	2	超差无分				
26		(10±0.02)mm(高度)	IT	2	超差无分				
27		(10±0.02)mm(孔深)	IT	2	超差无分				
28		(8±0.02)mm(高度)	IT	2	超差无分				
29		(3±0.02)mm(高度)	IT	2	超差无分				
30		(5±0.02)mm(凹槽深度)	IT	2	超差无分				
31	倒角	*C*1	IT	5	不倒角无分/处				
32	几何公差	平行度 0.04mm	//	3	超差无分				
33		垂直度 0.04mm	⊥	6	超差无分				
34	表面质量	表面粗糙度	*Ra*	12	超差无分				

项目四 综合知识扩展

Project 4

综合知识扩展一　桁架机械手的操作与应用

重要说明

1. 请务必遵守机械说明书内的安全事项，以及贴在机械上的安全铭牌的内容。如果没有遵从这些内容，可能会造成重大的人身事故或物品损害。如果发现安全铭牌缺失或损坏，请尽快检测并及时更换。

2. 不能擅自进行影响机械安全性的任何改造。

3. 为进行局部说明，本部分插图在画图时省略了门或防护罩等部件。但在实际使用时一定要安装齐备，以确保安全。

4. 如果发现有本部分内容与机械手不符的地方，请及时核对并确认。

一、桁架机械手保养

1）各传感器感应部分的清洁，确保无异物。

2）运动部件的清洁及润滑上油。

3）气源需气压稳定，干净、干燥（压力需达到 3MPa）。

4）对常用及易松动部件定时进行检查修复（例如定时检查手爪松紧）。

二、面板和手轮操作

1. 操作面板

操作面板如图 4-1 所示。

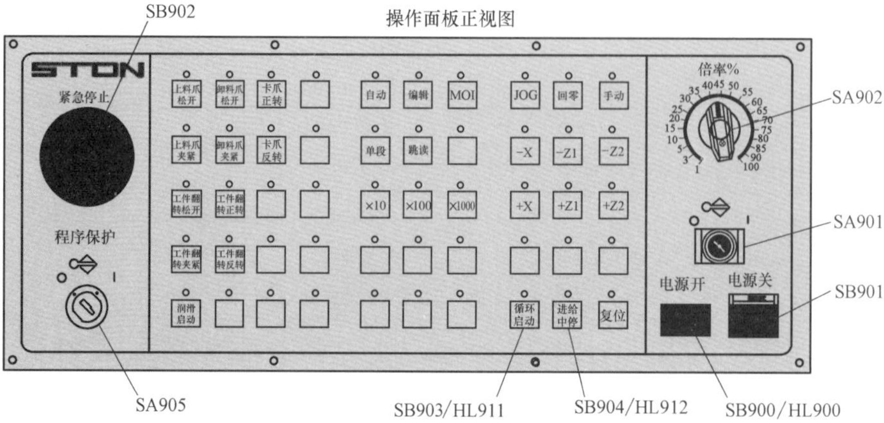

图 4-1　操作面板

2. MCP 面板

MCP 面板如图 4-2 所示。

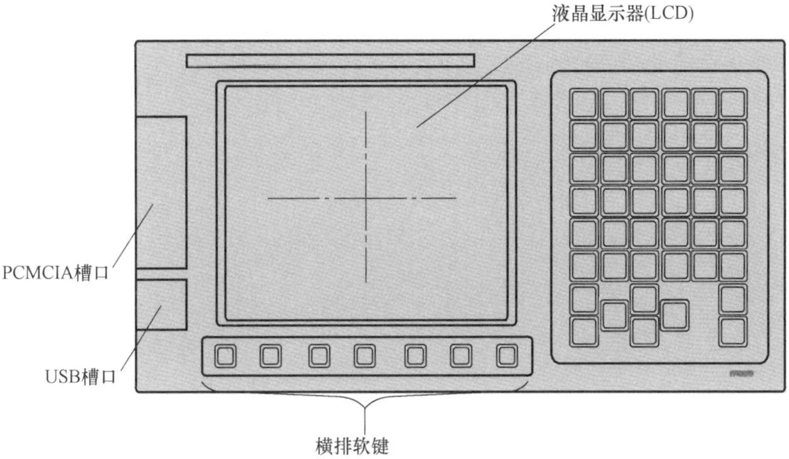

图 4-2　MCP 面板

（1）MDI 单元说明　MDI 单元说明见表 4-1。

表 4-1　MDI 单元说明

报警号	名称	描　　述
1	复位(RESET)键	要解除报警或者复位数控系统时按此键
2	帮助(HELP)键	当不明白 MDI 键如何操作,想要显示操作方法以及想要显示数控系统上发生的报警详细内容时按此键
3	软键	根据用途,它有各种功能 赋予软键什么样的功能,显示在显示器上
4	地址/数值键	按这些键可输入字母、数字等字符
5	位移(SHIFT)键	有些键的键顶上有两个字符 按位移键可切换并输入字符。当可以输入右下角指示的字符时,界面上显示出“Λ”
6	输入(INPUT)键	按下地址键/数值键后输入的数据被输入缓冲器并显示于界面上。为把键入缓冲器的数据复制到偏置寄存器等,按(INPUT)键。它与输入键等效,按下时会产生相同的效果。在程序一览界面上还可以用于移动文件夹的操作
7	取消(CAN)键	按此键可删除输入到输入缓冲器的字符或符号

（2）编辑面板　编辑面板如图 4-3 所示。

1）按键说明见表 4-2。

2）键输入和键入缓冲器。当按下地址键和数值键时，该键的字符就暂时输入到键入缓冲器。键入缓冲器的内容显示在界面的下部。为了表示输入的数据为键入的数据，数据开头显示有“>”，键入的数据最后显示有“ _ ”，表示下一个字符的输入位置，如图 4-4、图 4-5所示。

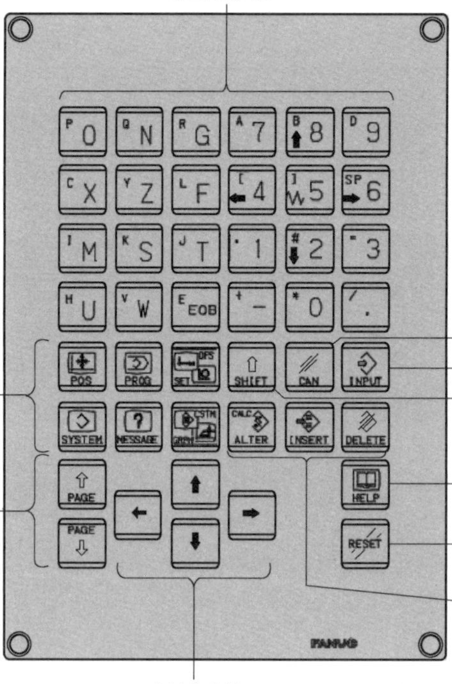

图 4-3　编辑面板

表 4-2　按键说明

编号	项目	章节菜单	描　　述
1	位置表示界面	绝对	选择绝对坐标显示界面
2		相对	选择相对坐标显示界面
3		全部	选择综合坐标显示界面
4		手动	选择进行手动手轮操作界面
5		监控	用来显示伺服和串行负载表以及速度表的界面
6		三维手动	显示进行三维手动进给时的手轮脉冲的中断量
7	程序	程序	选择用来编辑和显示程序的界面
8		目录	选择显示当前记录的部件程序一览的界面
9		下一步	用来显示当前执行的程序和接着将要执行的程序
10		检测	选择同时显示程序、位置、模态信息等的界面
11		时间	显示已执行程序时间
12		BG-EDIT	编辑所选程序以外的程序,可以在所有的方式下进行
13		再开	重新开始曾被中断的程序运行的操作界面
14		ROBOT SELECT	在机器人连接中选择为登录机器人程序和数控程序
15	系统	参数	选择用来设定参数的界面
16		诊断	选择用来显示数控系统状态的界面

（续）

编号	项目	章节菜单	描　述
17		系统	选择用来显示当前的系统情况界面
18		存储器	选择用来显示存储器内容界面
19		SV 参数	选择用来设定有关伺服的参数界面
20		主轴设定	选择用来进行有关主轴的设定的界面
21	系统	PMC 维修	显示与 PMC 信号状态有关的监测、追踪、PMC、编辑等
22		维护信息	用来显示进行维护时的信息界面
23		FSSB	选择用来进行与高速串行伺服总线相关的设定界面
24		参数调整	选择用来进行启动和调整等所需参数设定的界面
25		报警	选择报警信息界面
26		信息履历	选择外部操作者信息界面
27		内嵌日志	显示与内嵌式因特网（内置端口）相关的错误信息界面
28	信息	PCMCIA 日志	显示与内嵌式因特网（以太网卡）相关的错误信息界面
29		ETHER LOG	显示快速因特网/快速数据服务器相关的错误信息
30		FL-net 1CH	选择与 FL-net 功能（第一块）相关错误信息界面
31		USB LOG	选择与 USB 功能相关的用来显示错误信息的界面

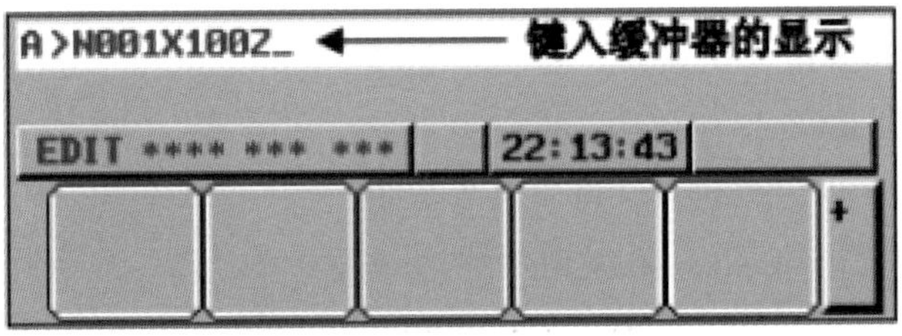

图 4-4　键入缓冲器的显示

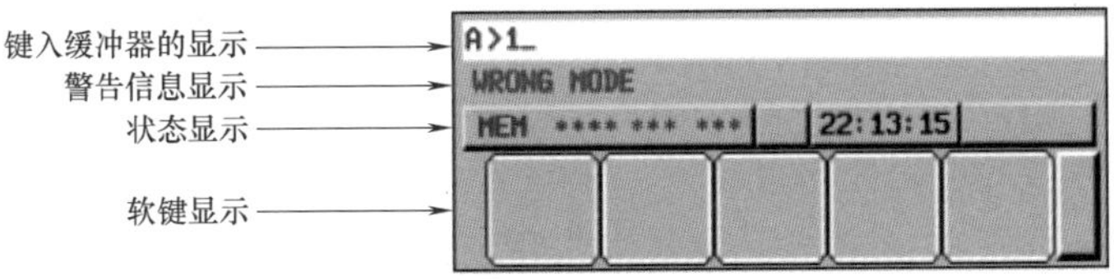

图 4-5　键入缓冲器显示

上下段键的字符切换：

要输入上段的字符和符号，在输入状态下，按下 SHIFT 键，下一个字符输入位置的符号“_”变为“Λ”，此时即可输入上段的字符，这一状态叫作 SHIFT（偏移）状态。

3）警告信息。在一个字符或数字已从 MDI 面板输入后，按下 INPUT 键或软键时就会执行数据检查。

如果有不正确的输入数据或错误的操作，则在状态显示行闪烁显示出警告信息。警告信息见表 4-3。

表 4-3 警告信息

警告信息	内容
格式错误	格式不正确
写保护	因数据保护而键入处在无效状态或参数不能写入
数据超限	输入值超过允许值
数字位太多	输入值超过允许的位数
错误方式	在非 MDI 方式,无法输入参数
不允许编辑	在当前的 CNC 状态下无法进行编辑
无法使用 I/O 设备	由于其他功能占用 I/O,设备因而无法使用 I/O 设备

(3) 手轮 手轮如图 4-6 所示。

三、机械手操作方式及方法

1. 手动参考点操作

手动参考点返回的操作步骤:

1) 按“方式选择”按钮中的“参考点返回”按钮。

2) 要使进给速度减慢时,按下“快速移动倍率”按钮。

3) 从进给轴向选择按钮中按下进行参考点返回的轴和方向的按钮。持续按住按钮,直到刀具返回参考点。刀具快速移动到减速点,而后以参数中设定的速度移动到参考点。当刀具返回到参考点时,参考点返回完成,指示灯点亮。

4) 若有需要,可对其他轴进行相同的操作。

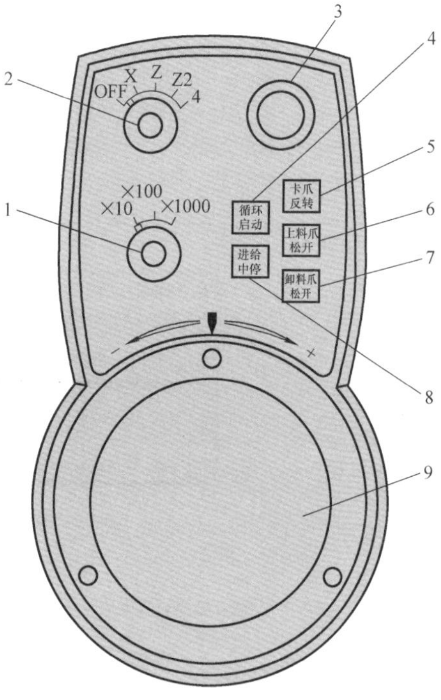

图 4-6 手轮操作盒布置图

1—倍率选择(×10/×100/×1000) 2—轴选择(X/Z) 3—急停 4—循环启动 5—卡爪反转 6—上料爪松开/夹紧 7—卸料爪松开/夹紧 8—进给中停 9—旋转盘

2. JOG 进给操作

JOG 进给的操作步骤:

1) 按“方式选择”按钮中的“JOG 进给”(JOG) 按钮。

2) 从进给轴向选择按钮中按下想要使其移动的轴和方向的按钮。

按住按钮期间,刀具以参数(No. 1432)中设定的进给速度持续移动,放开按钮时,刀具就停止移动。

3) JOG 进给速度,可用 JOG“进给倍率”度盘加以调节。

4) 在按住“进给轴向选择”按钮时再按下“快速移动”按钮,则在按住“快速移动”按钮期间,快速移动刀具,在快速移动期间,受“快速移动倍率”按钮控制的快速移动倍率有效。

3. 自动模式操作

储存器运行的操作步骤：

1）按下“方式选择”按钮中“MEMORY”（存储器）按钮。

2）从事先记录的程序中选择想要运行的某个程序。按照如下方式操作：

① 按下键，显示出程序界面。

② 按下地址键。

③ 利用数值键，输入程序号。

④ 按下软键［检索程序］。

3）若是多个路径控制，利用机床操作面板上的路径选择开关选择将要运行的路径。

4）当按下机床操作面板上的“循环开始”按钮时开始自动运行，循环开始指示灯（LED）点亮。当自动运行结束时，循环开始指示灯（LED）熄灭。

5）如果想在中途停止或取消存储器运行，按照下列方法操作：

① 停止存储器运行。按下机床操作面板上的“进给暂停”按钮，进给暂停指示灯（LED）点亮，循环开始指示灯（LED）熄灭。机床成为如下状态。

a. 当机床在执行移动操作时，进给操作减速并停止。

b. 正在执行暂停时，暂停停止。

c. 当正在执行 M、S、T 的操作时，则在执行完之后停止。

当进给暂停指示灯（LED）点亮时，按下机床操作面板上的“循环开始”按钮，机床重新开始操作。

② 终止存储器运行。按下 MDI 单元上的键，自动运行结束，系统进入复位状态；若在移动中按下键，移动减速并停止。

4. MDI 方式操作

MDI 运行的操作步骤：

1）选择 MDI 方式。若是多个路径控制，利用“路径选择”按钮选择编写程序的路径，对多个路径都分别编写独立的程序。

2）若按下功能键而选择程序界面，则会显示如图 4-7 所示界面。

此时，程序号“O0000”被自动插入。

3）进行与通常的编程相同的操作，编写一个将要执行的程序。若在最后的程序段中指定 M099，在运行结束后就会返回到程序开头。字的插入、修改、删除、字搜索、地址搜索及程序搜索，对于在 MDI 方式下编写的程序有效。

4）可用下列方法删除所有用 MDI 方式下编写的程序。

① 按下地址键，按下键。

② 或者按下键。此时，应事先把参数 MCL（No. 3203#7）设为 1。

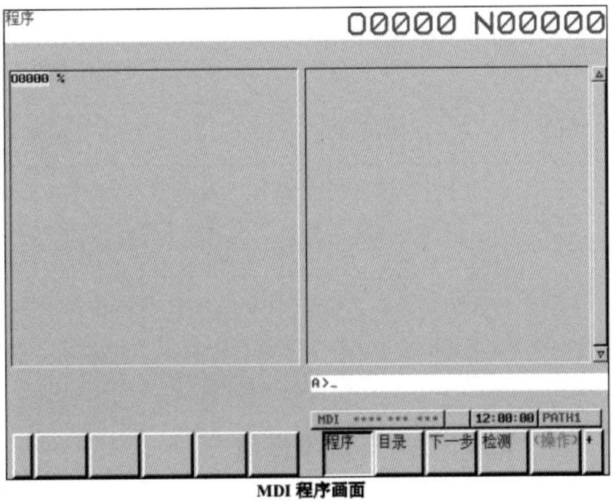

MDI 程序画面

图 4-7　程序界面

5）要执行程序，将光标移动到程序的开头，按下机床操作面板上的“循环开始”按钮，由此，开始执行编写的程序（若是多个路径控制，用机床操作面板上的“路径选择”按钮，选择将要运行的路径）。

当执行程序结尾（M02、M30）或 EOR（%）时，编写的程序将被自动删除，并结束运行。

当执行 M99 时，返回到编写的程序的开头。

6）要在中途停止或终止 MDI 运行时，按照如下方式操作：

① 停止 MDI 运行。按下机床操作面板上的“进给暂停”按钮，进给暂停指示灯（LED）点亮，循环开始指示灯（LED）熄灭。机床成为如下状态。

a. 当机床在执行移动操作时，进给操作减速并停止。

b. 正在执行暂停时，暂停停止。

c. 当正在执行 M、S、T 的操作时，则在执行完之后停止操作。

当按下机床操作面板上的“循环开始”按钮时，机床重新开始操作。

② 终止 MDI 运行。按下键，自动运行结束，系统进入复位状态；若在移动中按下键，移动减速并停止。

5. 手动方式机械手操作

手动方式机械手的操作方法见表 4-4。

表 4-4　手动方式机械手的操作方法

主菜单	按钮功能		指示灯状态	
	按钮	功能	指示灯亮	指示灯灭
卡爪操作	上料爪夹紧	手动操作机械手上料爪的夹紧	卡爪夹紧到位	卡爪松开
	上料爪松开	手动操作机械手上料爪的松开	卡爪松开到位	卡爪夹紧
	卸料爪夹紧	手动操作机械手卸料爪的夹紧	卡爪夹紧到位	卡爪松开
	卸料爪松开	手动操作机械手卸料爪的松开	卡爪松开到位	卡爪夹紧
	卡爪正转	手动操作机械手卡爪正转	卡爪正转到位	卡爪正转
	卡爪反转	手动操作机械手卡爪反转	卡爪反转到位	卡爪反转
其他	润滑起动 1	手动操作机械手 1 润滑操作键	润滑泵通	润滑泵断

注：1. 在“用户”界面中，机械手卡爪及其他附属机构的手动操作按钮指示灯闪烁时，表明相应的动作指令已发出，但尚未接收到确认检测开关信号。当接收到相应的确认检测开关信号时，指示灯状态变为常亮。

2. 机械手自动运行起动时，对机械手卡爪的状态和检测装置的状态是有要求的。机械手自动运行前，必须使卡爪处于“上料爪松开/卸料爪松开”的状态，即上述手动操作键指示灯全部点亮的状态。

3. 机械手自动上下料的主程序运行时，将会进行机械手初始化状态检测（指令 M80），如果状态不满足将出现“报警：机械手卡爪状态错误”。

四、编程示例及程序详解

1. 机械手 M 代码说明

机械手 M 代码说明见表 4-5。

表 4-5　机械手 M 代码说明

代码	M 代码内容	使 用 说 明	备注
M60	单程序段方式有效	该指令用于指示机械手处于单程序段运行状态	机械手使用
M80	机械手卡爪状态检测	检测机械手卡爪是否处于卡爪 1 松开、卡爪 2 松开、卡爪正转的状态(气动两工位卡爪时)	机械手检测、判断时使用
M81	手动抽检台 1 无料检测	机械手服务时,用于检测手动抽检台 1 上是否有工件	
M83	工件翻转机构状态检测	检测工件翻转机构是否处于工件翻转机构反转、工件翻转机构松开的状态	
M85	机床服务请求信号检测	等待机床服务请求信号	
M86	上料仓(道)准备好检测	机械手通过该指令检测上料仓是否准备好。若检测通过,则机械手可以抓料/卸料	
M87	卸料仓(道)准备好检测	机械手通过该指令检测卸料仓是否准备好。若检测通过,则机械手可以卸料	
M100	机械手卡爪正转	机械手卡爪正转指令	气动两工位时使用
M101	机械手卡爪反转	机械手卡爪反转指令	
M102	机械手卸料爪夹紧	机械手卸料爪夹紧指令	机械手卡爪控制使用
M103	机械手卸料爪松开	机械手卸料爪松开指令	
M104	机械手上料爪夹紧	机械手上料爪夹紧指令	
M105	机械手上料爪松开	机械手上料爪松开指令	
M11	机床 1 上料服务请求检测	该指令用于检测机床 1 请求机械手上料服务信号	
M12	机床 1 卸料服务结束	该指令用于结束机床 1 卸料服务请求	
M15	机床 1 气吹	该指令用于控制机床 1 卡盘进行旋转气吹	
M16	机床 1 夹具松开	该指令用于控制机床 1 夹具松开	
M17	机床 1 夹具夹紧	该指令用于控制机床 1 夹具夹紧	
M18	机床 1 卸料服务请求检测	该指令用于检测机床 1 请求机械手卸料服务信号	
M19	机床 1 上料服务结束	该指令用于结束机床 1 上料服务请求	

2. 机械手控制用宏变量地址

机械手控制用宏变量地址见表 4-6。

表 4-6　机械手控制用宏变量地址

变量号	变量意义	备　注
#1001	机床 1 上料请求信号	该变量为 1 时表明机床 1 已发出请求机械手进行服务信号
#1008	上料仓服务请求信号	该变量为 1 时表明上料仓已发出请求机械手进行服务信号
#1009	卸料仓服务请求信号	该变量为 1 时表明卸料仓已发出请求机械手进行服务信号

3. 车削中心加工机床桁架操作

(1) 操作前注意事项

1）检查气源、线路、电压，确认卡爪中无工件。

2）打开主控开关，开启系统，在料仓中放好工件，转到自动。

3）选好加工程序的主程序，选到自动，按“循环启动”按钮即可。

4）开动车床。

（2）范例程序及解析　见表 4-7~表 4-11。

表 4-7　主程序例表及解释

程　序	注　释
@ O1111	主程序
O0001	上料仓运行程序
O0002	机床 1 运行程序
O0004	卸料仓运行程序

表 4-8　主程序

程　序	注　释
O1111	程序名(主程序)
N10　G0　Z0	Z 轴回零
N20　G0　X3000	X 轴移动至 3000mm 位置
N30　M105　M103　M100	程序运行前准备,初始化(上料爪松开,卸料爪松开,卡爪正转)
N40 IF [#1008 EQ 1]　GOTO 60	判断“上料仓允许取料信号”有,则跳至第 N60 步
N50 IF [#1008 EQ 0]　GOTO 40	判断“上料仓允许取料信号”无,则重新扫描判断,跳至第 N40 步
N60　M98　P0001	调用 O0001 上料仓运行程序
N70 IF [#1001 EQ 1]　GOTO 90	判断“机床 1 服务请求信号”有,则跳至第 N90 步
N80 IF [#1001 EQ 0]　GOTO 70	判断“机床 1 服务请求信号”无,则重新扫描判断,跳至第 N70 步
N90　M98　P0002	调用 O0002 机床 1 程序
N100 IF [#1009 EQ 1]　GOTO 120	判断“卸料仓允许放料信号”有,则跳至第 N120 步
N110 IF [#1009 EQ 0]　GOTO 100	判断“卸料仓允许放料信号”无,则重新扫描判断,跳至第 N100 步
N120　M98　P0004	调用 O0004 卸料仓程序
N130　GOTO 10	跳至第 N10 步
N140　M02	程序结束

表 4-9　上料仓运行程序

程　序	注　释
O0001	程序名(上料仓运行程序)
N10　G0　Z0　M100	Z 轴回零,卡爪正转
N20　G0　X357.672	X 轴移动至 356.672mm 处
N30　M86	检测上料仓是否准备好
N40　G0　Z735	Z 轴移动至 735mm 处
N50　G01　Z745.547　F3000	Z 轴慢速移动至 745.547mm 处
N60　M104	上料爪夹紧
N70　G28　Z0	Z 轴回零
N80　M101	卡爪反转
N90　M99	子程序结束返回主程序

表 4-10　机床 1 运行程序

程　　序	注　　释
O0002	程序名(机床 1 运行程序)
N10　G0　Z0　M103	*Z* 轴回零,机械手卸料爪松开
N20　G0　X2950	*X* 轴移动至 2950mm 处
N30　M18	机床 1 卸料服务请求检测
N40　G0　Z1128.2	*Z* 轴移动至 1128.2mm 处
N50　G0　X2870	*X* 轴移动至 2870mm 处
N60　G01　X2862　F3000	*X* 轴慢速移动至 2862mm 处
N70　M102	机械手卸料爪夹紧
N80　M16	机床 1 夹具松开
N90　G04　X1	等待 1s
N100　G0　X2950	*X* 轴移动至 2950mm 处
N110　M100	机械手卡爪正转
N120　M15	机床 1 吹气及定向
N130　G04　X2	等待 2s
N140　M11	机床 1 上料服务请求检测
N150　G0　X2860	*X* 轴移动至 2860mm 处
N160　G01　X2855　F3000	*X* 轴慢速移动至 3000mm 处
N170　M105	机械手上料爪松开
N180　M17	机床 1 夹具卡紧
N190　G04　X1	等待 1s
N200　G0　X2950	*X* 轴移动至 2950mm 处
N210　G28　Z0	*Z* 轴回零
N220　M19	机床 1 上料服务结束
N230　M99	子程序结束返回主程序

表 4-11　卸料仓运行程序

程　　序	注　　释
O0004	程序名(卸料仓运行程序)
N10　G0　Z0	*Z* 轴回零
N20　G0　X574.6	*X* 轴移动至 574.6mm 处
N30　M87	卸料仓(道)准备好检测
N40　G0　Z730	*Z* 轴移动至 730mm 处
N50　G01　Z739.656　F3000	*Z* 轴慢速移动至 739.656mm 处
N60　M103	机械手卸料爪松开
N70　G28　Z0	*Z* 轴回零
N80　M99	子程序结束返回主程序

4. 单中心加工机床桁架操作

(1) 操作前注意事项

1) 检查气源、线路、电压，确认卡爪中无工件。

2) 打开主控开关，开启系统，在料仓中放好工件，转到自动。

3) 将宏程序100和110设置为1，选好加工程序的主程序，选到自动，按“循环启动”按钮即可。

4) 开启加工中心。

(2) 范例程序及解析　见表4-12～表4-22。

表4-12　主程序例表及解释

程　序	注　释
@O1111	主程序
O0001	上料仓运行程序
O0002	机床1运行程序
O0004	卸料仓运行程序
O0005	辅助程序
O0006	辅助程序
O0007	上料仓运行程序
O0008	卸料仓运行程序
O0009	料仓换仓运行程序
O0010	料仓运行程序

表4-13　主程序

程　序	注　释
O1111	程序名
N10 G0 Z0	Z轴回零
N20 G0 X0	X轴回零
N30 M105 M103 M100	程序运行前准备,初始化(上料爪松开,卸料爪松开,卡爪正转)
N40 IF[#1008 EQ 1] GOTO 60	判断“上料仓允许取料信号”有,则跳至第N60步
N50 IF[#1008 EQ 0]GOTO 40	判断“上料仓允许取料信号”无,则重新扫描判断,跳至第N40步
N60 M98 P0001	调用O0001上料仓程序
N70 IF[#1001 EQ 1]GOTO 90	判断“机床1服务请求信号”有,则跳至第N90步
N80 IF[#1001 EQ 0]GOTO 70	判断“机床1服务请求信号”无,则重新扫描判断,跳至第N70步
N90 M98 P0002	调用O0002机床1运行程序
N100 IF[#1009 EQ 1]GOTO 120	判断“卸料仓允许放料信号”有,则跳至第N120步
N110 IF[#1009 EQ 0]GOTO 100	判断“卸料仓允许放料信号”无,则重新扫描判断,跳至第N100步
N120 M98 P0004	调用O0004卸料仓程序
N130 GOTO 10	跳至第N10步
N140 M02	程序结束

表 4-14 机床 1 运行程序

程序	注释
O0002	程序名
N10 G0 Z0 M101	Z 轴回零,卡爪反转
N20 G0 X2219. 574	X 轴移动至 2219. 574mm 处
N30 M18	机床 1 准备好检测
N40 G0 Z994. 2	Z 轴移动至 994. 2mm 处
N50 M102	机械手卸料爪夹紧
N60 M14	机床 1 尾座收回
N70 M16	机床 1 夹具松开
N80 G04 X1	等待 1s
N90 G0 X2172. 6	X 轴移动至 2172. 6mm 处
N100 G0 Z800	Z 轴移动至 800mm 处
N110 M12	机床 1 卸料服务结束
N120 M100	机械手卡爪正转
N130 M11	机床 1 上料服务检测
N140 G0 Z997	Z 轴移动至 997mm 处
N150 G0 X2222	X 轴移动至 2222mm 处
N160 M13	机床 1 尾座推出
N170 M17	机床 1 夹具夹紧
N180 M105	机械手上料爪松开
N190 G04 X1	等待 1s
N200 G0 Z800	Z 轴移动至 800mm 处
N210 M101	机械手卡爪反转
N220 G28 Z0	Z 轴回零
N230 M19	机床 1 上料服务结束
N240 M99	

表 4-15 上料仓运行程序（1）

程序	注释
O0001	程序名
N10 G0 Z0 M100	Z 轴回零,卡爪正转
N20 G0 X3227. 398	X 轴移动至 3227. 398mm 处
N30 M86	检测上料仓是否准备好
N40 G0 Z890	轴移动至 890mm
N50 G01 Z900 F1500	Z 轴慢速移动至 900mm 处
N60 M104	上料爪夹紧
N70 G28 Z0	Z 轴回零
N80 M101	卡爪反转
N90 M99	

表 4-16 卸料仓运行程序

程序	注释
O0004	程序名
N10 G0 Z0	*Z* 轴回零
N20 G0 X2989.5	*X* 轴移动至 2989.5mm 处
N30 M87	卸料仓(道)准备好检测
N40 G0 Z930	*Z* 轴移动至 930mm 处
N50 G01 Z942 F1500	*Z* 轴慢速移动至 942mm 处
N60 M103	机械手卸料爪松开
N70 G028 Z0	*Z* 轴回零
N80 M99	

表 4-17 辅助程序（1）

程序	注释
O0005	程序名
N10 IF[#110 EQ 1] GOTO 30	判断宏变量 110 等于 1，则跳至第 N30 步
N20 IF[#110 EQ 0] GOTO 40	判断宏变量 110 等于 0，则跳至第 N40 步
N30 M98 P0007	调用 O0007 程序
N40 M98 P0008	调用 O0008 程序
N50 M99 P0070	回跳至上一层第 70 步

表 4-18 辅助程序（2）

程序	注释
O0006	程序名
N10 IF[#110 EQ 1] GOTO 30	判断宏变量 110 等于 1，则跳至第 N30 步
N20 IF[#110 EQ 0] GOTO 40	判断宏变量 110 等于 0，则跳至第 N40 步
N30 M98 P0009	调用 O0009 程序
N40 M98 P0010	调用 O0010 程序
N50 M99 P0070	回跳至上一层第 70 步

表 4-19 上料仓运行程序（2）

程序	注释
O0007	程序名
N10 M105	机械手上料爪松开
N20 G0 X404.576	*X* 轴移动至 404.576mm 处
N30 G0 Z1015.741	*Z* 轴移动至 1015.741mm 处
N40 M104	机械手上料爪夹紧
N50 G0 Z0	*Z* 轴回零
N60 #110=#110+1	宏变量加 1
N70 M99 P0050	回跳至上一层第 50 步

表 4-20　卸料仓运行程序

程序	注释
O0008	程序名
N10 G0 X405.7	X 轴移动至 405.7mm 处
N20 G0 Z1011.7	Z 轴移动至 1011.7mm 处
N30 M103	机械手卸料爪松开
N40 G0 Z0	Z 轴回零
N50 #110=1	宏变量 110 赋值为 1
N60 #100=#100+1	宏变量 100 加 1
N70 M99 P0050	回跳至上一层第 50 步

表 4-21　料仓换仓运行程序

程序	注释
O0009	程序名
N10 M105	机械手上料爪松开
N20 G0 X164	X 轴移动至 164mm 处
N30 G0 Z1014.767	Z 轴移动至 1014.767mm 处
N40 M104	机械手上料爪夹紧
N50 G0 Z0	Z 轴回零
N60 #110=#110+1	宏变量 110 加 1
N70 M99 P0050	回跳至上一层第 50 步

表 4-22　料仓运行程序

程序	注释
O0010	程序名
N10 G0 X155	X 轴移动至 155mm 处
N20 G0 Z1012	Z 轴移动至 1012mm 处
N30 M103	机械手上料爪松开
N40 G28 Z0	Z 轴回零
N50 M23	料仓服务结束，请求换列
N60 #110=1	宏变量 110 赋值为 1
N70 #100=1	宏变量 100 赋值为 1
N80 M99 P0050	回跳至上一层第 50 步

5. 双加工中心加工机床桁架操作

（1）操作前注意事项

1）检查气源、线路、电压，确认卡爪中无工件。

2）打开主控开关，开启系统，在料仓中放好工件，转到自动。

3）选好加工程序的主程序，选到自动，按“循环启动”按钮即可。

4）开启两个加工中心。

（2）范例程序及解析　见表4-23~表4-28。

表 4-23　主程序例表及解释

程序	注释
@ O1111	主程序
O0001	上料仓运行程序
O0002	机床 1 运行程序
O0003	机床 2 运行程序
O0004	卸料仓运行程序

表 4-24　主程序

程序	注释
O1111	程序名
N10 G0 Z0	*Z* 轴回零
N20 G0 X3000	*X* 轴移动至 3000mm 位置
N30 M105 M103 M100	程序运行前准备,初始化(上料爪松开,卸料爪松开,卡爪正转)
N40 IF[#1008 EQ 1]　GOTO　60	判断“上料仓允许取料信号”有,则跳至第 N60 步
N50 IF[#1008 EQ 0]　GOTO　40	判断“上料仓允许取料信号”无,则重新扫描判断,跳至第 N40 步
N60 M98 P0001	调用 O0001 上料仓运行程序
N70 IF[#1001 EQ 1]　GOTO 110	判断“机床 1 服务请求信号”有,则跳至第 N110 步
N80 IF[#1002 EQ 1]　GOTO 130	判断“机床 2 服务请求信号”有,则跳至第 N130 步
N90 IF[#1001 EQ 0]　GOTO 70	判断“机床 1 服务请求信号”无,则重新扫描判断,跳至第 N70 步
N100 IF[#1002 EQ 0]　GOTO 70	判断“机床 2 服务请求信号”无,则重新扫描判断,跳至第 N70 步
N110 M98 P0002	调用 O0002 机床 1 运行程序
N120 GOTO 140	跳至第 N140 步
N130 M98 P0003	调用 O0003 机床 2 运行程序
N140 IF[#1009 EQ 1]　GOTO 160	判断“卸料仓允许放料信号”有,则跳至第 N160 步
N150 IF[#1009 EQ 0]　GOTO 140	判断“卸料仓允许放料信号”无,则重新扫描判断,跳至第 N140 步
N160 M98 P0004	调用 O0004 卸料仓运行程序
N170 GO TO10	跳至第 N10 步
N180 M02	程序结束

表 4-25 上料仓运行程序

程序	注释
O0001	程序名
N10 G0 Z0 M100	Z 轴回零,卡爪正转
N20 G0 X3227.398	X 轴移动至 3227.398mm 处
N30 M86	检测上料仓是否准备好
N40 G0 Z890	Z 轴移动至 890mm 处
N50 G01 Z900 F1500	Z 轴慢速移动至 900mm 处
N60 M104	上料爪夹紧
N70 G28 Z0	Z 轴回零
N80 M101	卡爪反转
N90 M99	

表 4-26 机床 1 运行程序

程序	注释
O0002	程序名
N10 G0 Z0	Z 轴回零
N20 G0 X806.465	X 轴移动至 806.465mm 处
N30 M18	机床 1 卸料服务请求检测
N40 G0 Z1140	Z 轴移动至 1140mm 处
N50 G01 Z1161.4 F1500	Z 轴慢速移动至 1161.4mm 处
N60 M102	机械手卸料爪夹紧
N70 M16	请求机床 1 夹具松开
N80 G04 X1	等待 1s
N100 G0 Z900	Z 轴移动至 900mm 处
N110 M100	机械手卡爪正转
N120 M15	请求机床 1 气吹
N130 G0 Z1130	Z 轴移动至 1130mm 处
N140 G01 Z1162.5 F1500	Z 轴慢速移动至 1162.5mm 处
N150 M17	请求机床 1 卡具夹紧
N160 M105	机械手上料爪松开
N170 G28 Z0	Z 轴回零
N180 M19 M101	机床 1 上料服务结束,手爪反转
N190 M99	

表 4-27 机床 2 运行程序

程序	注释
O0003	程序名
N10 G0 Z0	Z 轴回零
N20 G0 X4975. 773	X 轴移动至 4975. 773mm 处
N30 M28	机床 2 卸料服务请求检测
N40 G0 Z1130	Z 轴移动至 1130mm 处
N50 G01 Z1150 F1500	Z 轴慢速移动至 1150mm 处
N60 M102	机械手卸料爪夹紧
N70 M26	请求机床 2 夹具松开
N80 G04 X1	等待 1s
N100 G0 Z900	Z 轴移动至 900mm 处
N110 M100	机械手卡爪正转
N120 M25	请求机床 2 气吹
N130 G0 Z1130	Z 轴移动至 1130mm 处
N140 G01 Z1145 F1500	Z 轴慢速移动至 1145mm 处
N150 M27	请求机床 2 夹具夹紧
N160 M105	机械手上料爪松开
N170 G28 Z0	Z 轴回零
N180 M29 M101	机床 2 上料服务结束,卡爪反转
N190 M99	

表 4-28 卸料仓运行程序

程序	注释
O0004	程序名
N10 G0 Z0	Z 轴回零
N20 G0 X2989. 5	X 轴移动至 2989. 5mm 处
N30 M87	卸料仓(道)准备好检测
N40 G0 Z930	Z 轴移动至 930mm 处
N50 G01 Z942 F1500	Z 轴慢速移动至 942mm 处
N60 M103	机械手卸料爪松开
N70 G28 Z0	Z 轴回零
N80 M99	

综合知识扩展二 数控铣削变量手工编程实例

三角函数关系：

1. α 和 90°-α 的三角函数关系（α 为锐角时）

$\sin(90°-\alpha)=\cos\alpha$　　$\cos(90°-\alpha)=\sin\alpha$

$\tan(90°-\alpha)=\cot\alpha$　　$\cot(90°-\alpha)=\tan\alpha$

2. 平方关系

$\sin^2\alpha+\cos^2\alpha=1$

3. 双曲函数

$\sinh(x)=\dfrac{e^x-e^{-x}}{2}$　　$\cosh(x)=\dfrac{e^x+e^{-x}}{2}$　　$\tanh(x)=\dfrac{\sinh(x)}{\cosh(x)}=\dfrac{e^x-e^{-x}}{e^x+e^{-x}}$

4. 其他曲线方程

圆的标准方程：$(x-a)^2+(y-b)^2=r^2$［注：(a, b) 是圆心坐标］

抛物线标准方程：$y^2=2px(p>0, x\geqslant 0)$　　$y^2=-2px\ (p>0, x\leqslant 0)$

$x^2=2py(p>0, y\geqslant 0)$　　$x^2=-2px\ (p>0, y\leqslant 0)$

弧长公式：$l=a\cdot r$（a 是圆心角的弧度数，r 是半径）。

孔类的加工

啄式钻孔（排屑）

例一： 用 ϕ10mm 钻头在坐标原点钻深 10mm 的孔，每次钻孔有效深度为 1mm，每次钻孔后复位深度比上次浅 0.5mm。

```
    R1=0
    G90 G64 G54 Z100 F2000 M08
    S800 M03
    G01 X0 Y0 F2000
    Z3
    Z1 F100
MM: R2=R1-0.5               复位深度计算
    G01 Z=-R2 F100          钻孔复位
    R1=R1+1                 钻孔深度累加
    Z=-R1   F100            钻孔
    Z0.5   F2000            抬刀至工件表面排屑
    IF  R1<10  GOTOB  MM
    G01 Z100 F2000
    X0 Y0 M09
    M05
    M02
```

知识点： ① 孔加工前应根据材料的特性判断是排屑式还是断屑式加工，并在加工时注意观察。

② 孔加工时刀具极易发生折断，在选用加工参数时应注意依据材料特性和夹具机床情况适度增减。

螺旋下刀

例二：用 ϕ12mm 的平头立铣刀加工 ϕ22mm 的孔，深度为 20mm　螺距为 0.5mm，则螺旋半径 = (22−12) mm/2 = 5mm［符合“(0.4～0.9) $R_{刀}$”的要求］。

```
    G90 G64 G54 Z100 F3000
    S900 M3 M8
    G01 X0 Y0
    X5
    Z0.5
    R1=0
AA: G02 X5 Y0 I-5 J0 Z=-R1 F500      螺旋切削
    R1=R1+0.5                        深度累加
    IF  R1<=20 GOTOB  AA
    G02 I=-5 F100                    清底
    G04 F2                           刀具在底面暂停 2s
    G01 X4                           XY 平面退刀
    Z30  F3000
    X0 Y0 M09
    M02
```

知识点：若孔的直径较大，则二次扩孔最大的螺旋半径 = 第一次扩孔后孔的半径 + (0.4～0.9) $R_{刀}$。

平面的加工

平面铣削

例三：加工图 4-8 所示的 120mm×80mm 矩形面，用 ϕ12mm 的平头立铣刀加工，行距为 D×0.8＝12mm×0.8≈10mm（取整）。

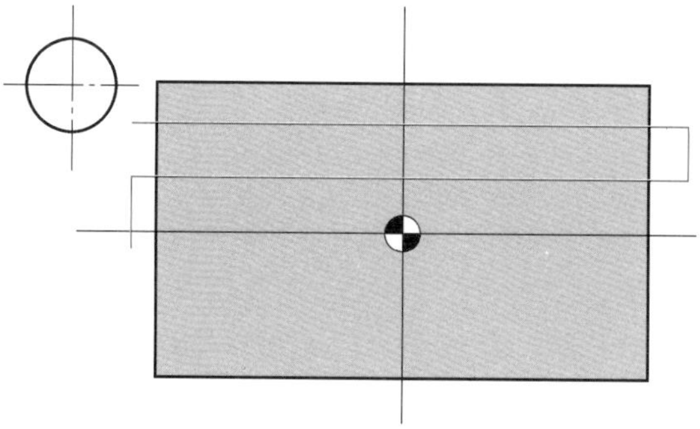

图 4-8　平面铣削

```
    G90 G64 G54 Z100 F3000
    M3 S800 M8
    G01 X-75  Y40
    Z=0
    R1=40
AA: G01 X=70            X 向进刀切削
    R1=R1-10            Y 向位移计算
    Y=R1                Y 向位移
    G01 X=-70           X 向反向进刀切削
    R1=R1-10            Y 向位移计算
    Y=R1                Y 向位移
    IF R1>=-40 GOTOB AA
    G01 Z100 F3000
    X0 Y0 M09
    M02
```

知识点：平面加工时应根据选用刀具的大小合理选择合适行距与切削参数，保证加工表面质量。

矩形外轮廓加工

例四：加工 80mm×80mm×20mm 轮廓，用 ϕ12mm 的平头立铣刀加工，每次加工 2mm 深，调用刀具半径补偿，且调用圆弧段进给补偿：G901/G900，如图 4-9 所示。

```
    G90 G64 G54 Z100 F3000
    S800 M3 M8
    G01 X0 Y0
    X-60 Y60
    Z3
    R1=0
    Z=R1 F500
    G901
AA：G042 G01 X-50 Y50 T1
    Y-40   RND=5
    X40   RND=5
    Y40   RND=5
    X-40   RND=5
    Y0
    G03 X0 Y70 I0 J10
    G40 G01 X-60 Y60
    R1=R1+2
    G01 Z=-R1
    IF   R1<=20   GOTOB   AA
    G900
    Z100
    X0 Y0 M09
    M02
```

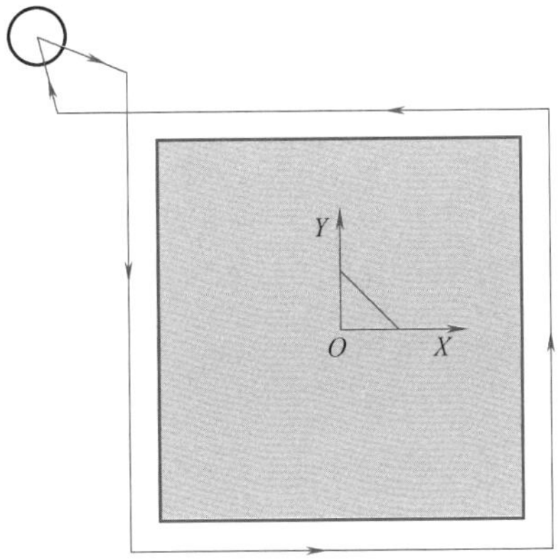

图 4-9　矩形外轮廓

知识点：①若需要对四棱边进行倒圆弧，例如倒 R5mm 的圆弧过渡，则需在对应程序段增加阴影部分的程序。

②调用刀具半径补偿必须注意切入角在 90°~180°，否则会有刀具与工件发生碰撞、过切的危险。

③调用刀具半径补偿 G041/G042 后三个程序段（含调补偿的程序段）应该是 X、Y 平面的移动指令，并且第二个程序段的移动距离应大于刀具补偿的半径量。

矩形内轮廓加工

例五：加工 50mm×40mm×6mm 轮廓，四角倒 *R*6mm 的圆弧，用 ϕ12mm 的平头立铣刀加工，深度 6mm 每次下刀加工 2mm，调用刀具半径补偿，采用圆弧进刀，且调用圆弧段进给补偿：G901/G900，如图 4-10 所示。

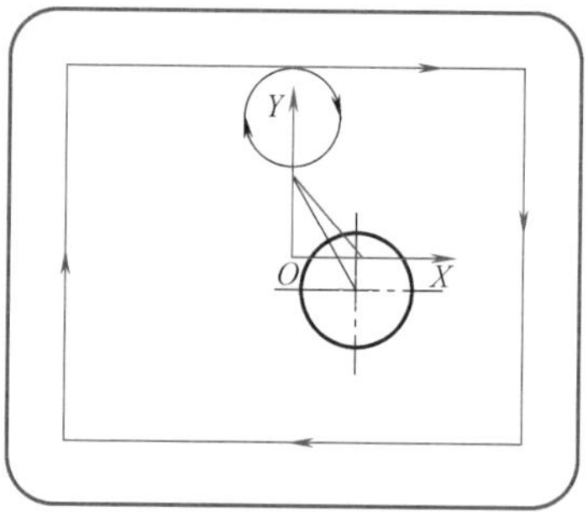

图 4-10　矩形内轮廓

```
    R1=2
    G90 G64 G54 Z100 M08 F5000
    M03 S1500
    X0Y0
    G01 Z1
BB: Z=-R1 F300
    X0 Y-10
    G901
    G42 G01 X0 Y10 T1
    G02 X0 Y20 I0 J5
    G01 X25 RND=6
    Y-20 RND=6
    X-25 RND=6
    Y20 RND=6
    X0
    G02 X0 Y10 I0 J-5
    G40 G01 X0 Y0
    R1=R1+2
    IF R1<=6 GOTOB BB
    Z100 F5000
    M09
    M05
    M02
```

知识点：封闭型凹槽加工，可先用钻孔或螺旋下刀清除下刀位的材料，防止 *Z* 向顶刀。

倒角的加工

单面任意角度倒角加工一（刀心对刀、球头立铣刀）

例六： $R2=30°$，$R3=60°$，刀具半径为 $R5$mm 的球头立铣刀，Z 向直角边高为 $R10=8$mm 的斜面倒角，Z 轴每次抬刀 0.1mm，则 X 向每次位移量为：0.1mm×tan60°工件倒角边长 80mm，宽 40mm，如图 4-11 所示。

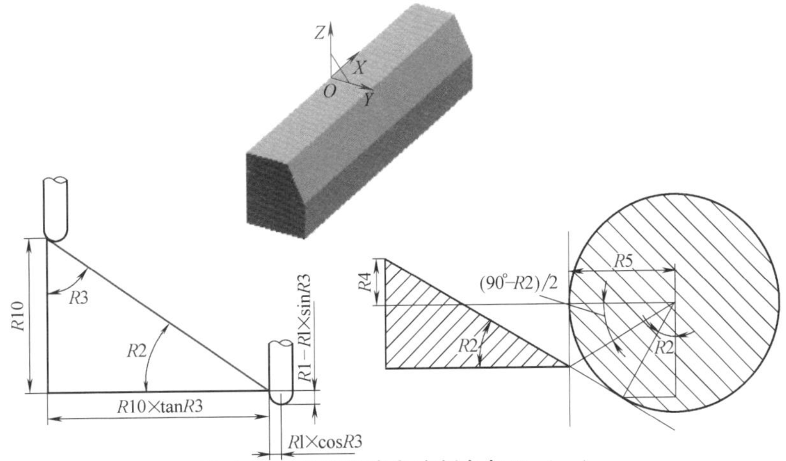

图 4-11　单面任意角度倒角加工（一）

```
    G90 G64 G54 X0 Y0 F3000
    S1500 M3 M8
    R10=8
    R5=5                                      刀具半径
    R1=40+R5                                  X 向初次切削位置确定
    R4= R10-(R5×SIN(60)-R5×TAN(30))           Z 向初次切削高度确定
    G01 X=R1 Y=-50
    Z=-R4   F500
AA: G01 Y=50
    R4=R4-0.1
    R1=R1-(0.1×TAN(60))
    Z=-R4   X=R1
    Y=-50
    R4=R4-0.1
    R1=R1-(0.1×TAN(60))
    Z=-R4   X=R1
    IF R4>=-0.1 GOTOB AA
    G01 Z30 F3000
    M02
```

知识点： 加工斜面时，应根据斜面的倾料程度确定抬刀变量，陡峭斜面选择抬刀增量较大，一般为 0.1mm，平坦斜面选择抬刀增量小，一般为 0.05mm。

单面任意角度倒角加工二（平头立铣刀）

例七：$R2=30°$，$R3=60°$，刀具半径为 $R5$mm 的平头立铣刀，Z 向直角边高 $R2=8$mm 的斜面倒角，Z 轴每次抬刀 0.1mm，则 X 向每次位移量为：0.1mm×tan60°，工件倒角边长 80mm，宽 40mm，如图 4-12 所示。

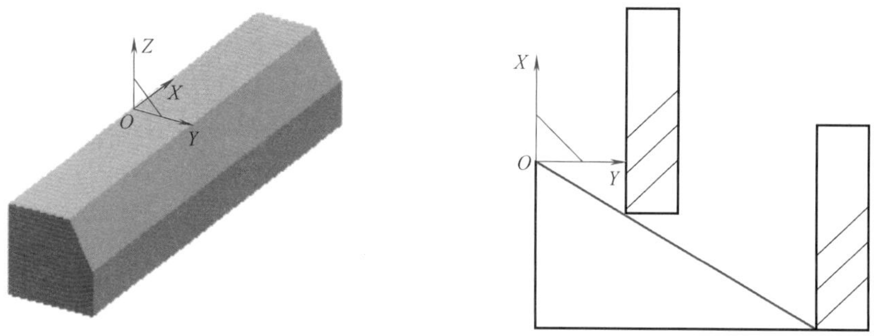

图 4-12 单面任意角度倒角加工（二）

```
    G90 G64 G54 X0 Y0 F3000
    S1500 M3 M8
    R5=5                                    刀具半径
    R1=40+R5
    R2= 8
    G01 X=R1 Y=-50
    Z=-R2   F500
AA: G01 Y=50
    R2=R2-0.1
    R1=R1-(0.1×TAN(60))
    Z=-R2   X=R1
    Y=-50
    R2=R2-0.1
    R1=R1-(0.1×TAN(60))
    Z=-R2   X=R1
    IF R2>=-0.1 GOTOB AA
    G01 Z30 F3000
    M02
```

知识点：加工斜面时，应根据斜面的倾斜情况确定抬刀变量，陡峭斜面选择抬刀增量较大，一般为 0.1mm，平坦斜面选择抬刀增量小，一般为 0.05mm。

矩形轮廓任意角度外倒角加工（刀尖对刀、球头立铣刀）

例八： 加工 120mm×80mm×30mm 的工件，要求对其四边进行 6mm×60°的倒角，刀具为 *R*5mm 的球头立铣刀，设 *Z* 轴的抬刀增量为 0.1mm ，则 *X*、*Y* 向每次位移量为：0.1mm×tan60°，如图 4-13 所示。

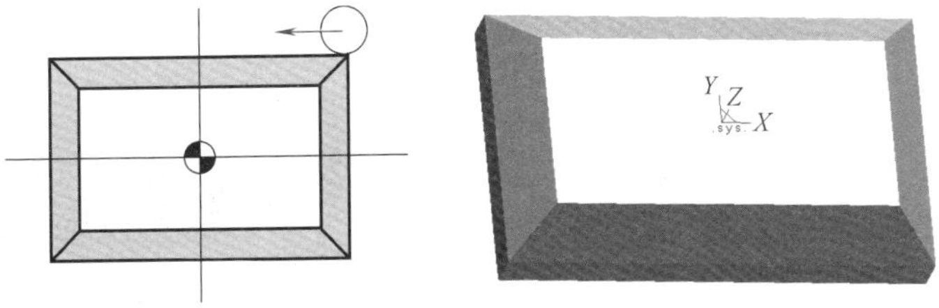

图 4-13 矩形轮廓任意角度外倒角

```
    R1=60+R5×COS(30)          X 向初始刀位
    R2=40+R5×COS(30)          Y 向初始刀位
    R3= 6+R5-R5×SIN(30)       Z 向初始刀位
    R4=0.1×TAN(30)            X、Y 向每次位移量
    R5=5                      刀具半径
    G90 G64 G54 Z100 F3000
    M03 S2000
    G01 X= R1+10   Y=R2
    Z=0
    G0451
BB: G01 Z=-R3 F1000
    Y=R2
    X=-R1
    Y=-R2
    X=R1
    Y=R2
    R1=R1-R4
    R2=R2-R4
    R3=R3-0.1
    IF R3 >=0 GOTOB BB
    G01 Z100 F3000
    M09
    M05
    M02
```

知识点： 为避免线速度较低的刀心处参与切削，倒角时应自下而上进行切削加工。

矩形轮廓角位变半径外倒角加工

例九： 加工 120mm×80mm×30mm 的工件，要求对其四边进行 5mm×60°的倒角，其中四角位为变半径圆弧倒角，顶部圆弧半径为 3mm，底部圆弧半径为 9mm。刀具为 *R*4mm 的球头立铣刀，设 *Z* 轴的抬刀增量为 0. 1mm，则 *X*、*Y* 向每次位移量为 0. 1mm×tan60°，变半径圆弧每次抬刀增量为 (9−3)mm/(5/0. 1)= 0. 12mm，如图 4-14、图 4-15 所示。

图 4-14 圆弧过渡变半径倒角

图 4-15 圆弧过渡等半径倒角

```
    R1=60+R5×COS(30)          X 向初始刀位
    R2=40+R5×COS(30)          Y 向初始刀位
    R3= 5+R5−R5×SIN(30)       Z 向初始刀位
    R4=0. 1×TAN(30)           X、Y 向每次位移量
    R5=4                      刀具半径
    R6=9                      角度圆弧初始值
    G90 G64 G54 Z100 F3000
    M03 S2000
    X= R1+10   Y=0
    Z=0
    G901
BB: G01Z=−R3 F1000
    X=R1+10
    G02 X=R1 CR=5             圆弧切入
    G01 Y=R2 RND=R6
    X=−R1   RND=R6
    Y=−R2   RND=R6
    X=R1    RND=R6
    Y0
    G02 X=R1+10 CR=5          圆弧切出          M09
    R1=R1−R4                                    M05
    R2=R2−R4                                    M02
    R3=R3−0. 1
    R6=R6−0. 12 ( 阴影段)
    IF R3=<0 GOTOB BB
    G01 Z100 F3000
    G900
```

知识点： 若四棱边倒等径圆弧，例如倒 *R*9mm 的圆弧，则去除阴影部分程序段。

矩形任意角度内倒角加工（刀尖对刀、球头立铣刀）

例十：加工 60mm×40mm×30mm 的槽腔，要求对其四边进行 5mm×60°的倒角，其中四角位为变半径圆弧倒角，顶部圆弧半径为 11mm，底部圆弧半径为 5mm。刀具为 *R*4mm 的球头立铣刀，设 *Z* 轴的抬刀增量为 0.1mm，则 *X*、*Y* 向每次位移量为 0.1mm×tan60°，变半径圆弧每次抬刀增量为 (11−5)mm/(5/0.1)=0.12mm 如图 4-16、图 4-17、图 4-18 所示。

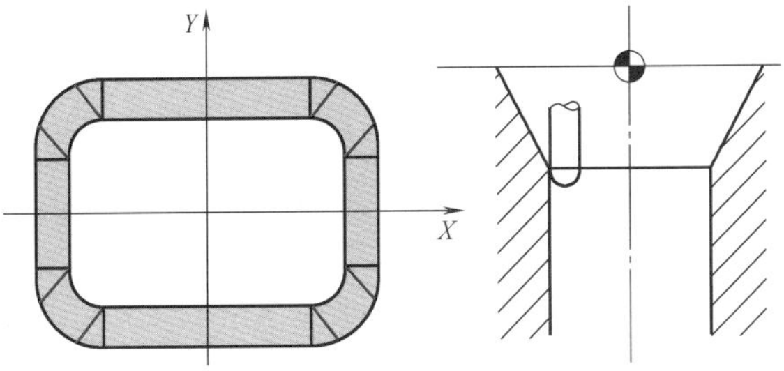

图 4-16　矩形任意角度内倒角

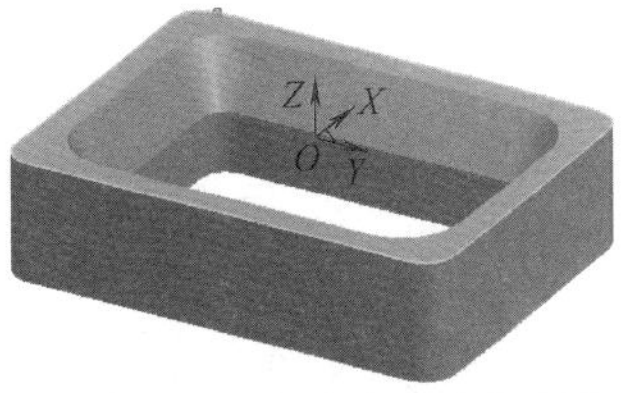

图 4-17　圆弧过渡变半径倒角

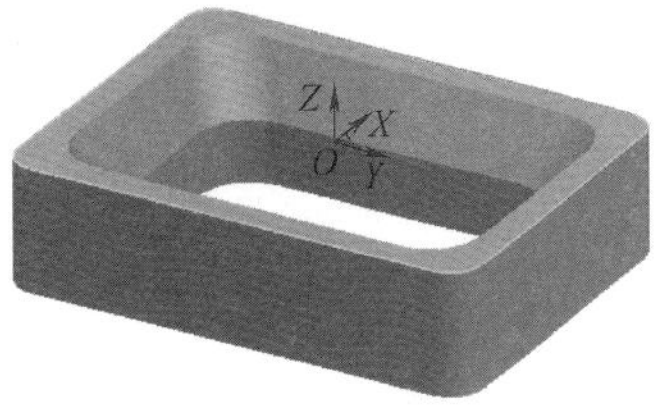

图 4-18　圆弧过渡等半径倒角

```
    R1=30-R5×COS(30)             X 向初始刀位
    R2=20-R5×COS(30)             Y 向初始刀位
    R3= 5+R5-R5×SIN(30)          Z 向初始刀位
    R4=0.1×TAN(30)               X、Y 向每次位移量
    R5=4                         刀具半径
    R6=5                         角度圆弧初始值
    G90 G64 G54 Z100 F3000
    M03 S2000
    X= R1-10   Y=0
    Z=0
    G901
BB: G01 Z=-R3 F1000
    X=R1-10
    G02 X=R1 CR=5                圆弧切入
    G01 Y=R2 RND=R6
    X=-R1   RND=R6
    Y=-R2   RND=R6
    X=R1    RND=R6
    Y0
    G03 X=R1-10 CR=5             圆弧切出
    R1=R1+R4
    R2=R2+R4
    R3=R3-0.1
    R6=R6+0.12( 阴影段)
IF R3>0 GOTOB BB
    G01 Z100 F3000
    G900
    M09
    M02
```

知识点：若四棱边倒等径圆弧，例如倒 *R*5mm 的圆弧，则去除阴影部分程序段。

外圆锥台倒角加工（刀尖对刀）

例十一：有一圆锥台，已知基圆柱直径为 ϕ20mm，圆锥角为 60°，锥台深 20mm，刀具为 R5mm 的球头立铣刀，Z 轴每次抬刀 0.3mm，则 X 向每次位移量为 0.3mm×tan30°，如图 4-19 所示。

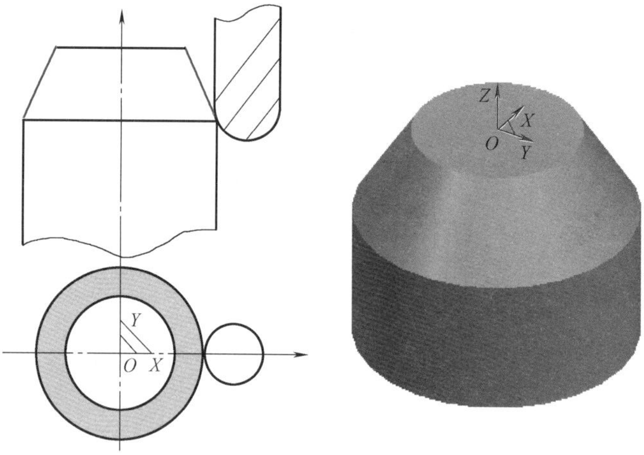

图 4-19　外圆锥台倒角

```
    G90 G64 G54 Z100 F3000
    S1500 M3 M8
    R5=5                          刀具半径
    R1=10+R5×COS(30)              X 向初始刀位
    R2= 20+R5-R5×SIN(30)          Z 向初始刀位
    G01 Z3
    X=R1+1
AA:G01 Z=-R2   F500
    X=R1
    G03 I=-R1
    R2=R2-0.3
    R1=R1-0.3×TAN(30)
    IF R2>=0   GOTOB   AA
    G01 Z100 F3000
    M02
```

知识点：为保证被加工面的表面质量，在允许条件下应尽可能用直径较大的刀具加工。

内圆锥孔加工（刀尖对刀、自下而上）

例十二：加工内圆锥孔，已知底孔直径为 ϕ20mm，圆锥角为 60°，锥孔深 20mm，刀具为 *R*5mm 的球头立铣刀，*Z* 轴每次抬刀 0.3mm，则 *X* 向每次位移量为 0.3mm×tan30°，如图 4-20 所示。

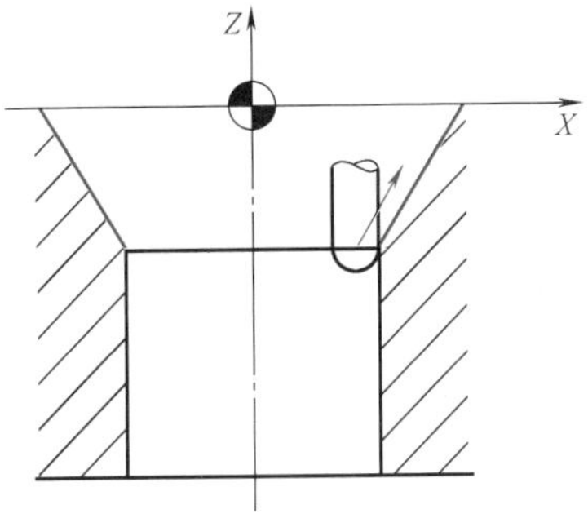

图 4-20　内圆锥孔

```
    G90 G64 G54 Z100 F3000
    S1500 M3 M8
    R5=5
    R1=10-R5×COS(30)          X 向初始刀位
    R2=20+R5-R5×SIN(30)       Z 向初始刀位
    G01 Z3
    X=R1-1
AA:G01 Z=-R2   F500
    X=R1
    G03 I=-R1
    R2=R2-0.3
    R1=R1+0.3×TAN(30)
    IF R2>=0   GOTOB   AA
    G01 Z100 F3000
    M02
```

知识点：选择刀具直径时，要充分考虑刀具在内孔切入切出的距离，正确选择起刀点，防止下刀或切入时碰伤工件表面或发生撞刀。

外曲面圆弧倒角加工一（刀心对刀）

例十三：用 $R5$mm 的球头立铣刀加工工件边缘 $R10$mm 的半圆弧倒角，圆弧长 $Y=80$mm，角度从 0~180°（加工时，从右边往左边切削），每次抬刀 0.1°，如图 4-21 所示。

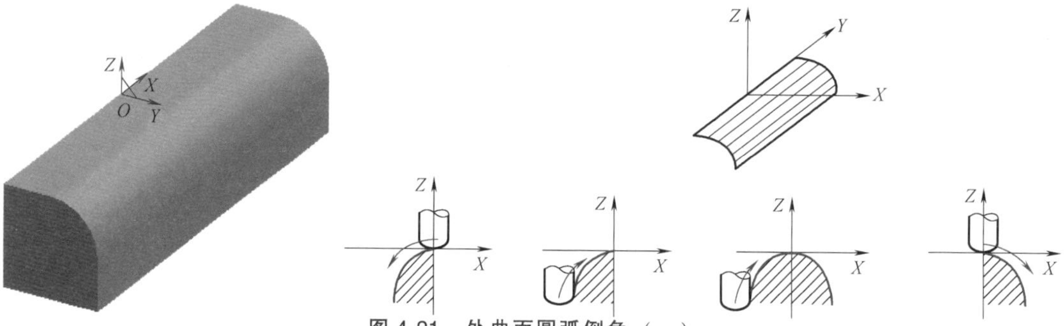

图 4-21　外曲面圆弧倒角（一）

```
    R5=5                                    刀具半径
    R1=-0.1          R1=180.1               圆弧起始角
    R2=10+R5                                刀心与圆弧曲面中心
    G90 G64 G54 Z100 F3000
    S2000 M3 M8
    X0Y0
    G158 X( )Y( )Z( )(零点偏移,相对 G54)
    G01 X15 Y45              X-15 Y45
    Z0 F1000
BB:R1=R1+0.1    BB:R1=R1-0.1
    Z=R2×SIN(R1)
    X=R2×COS(R1)
    Y-45
    IF  R1 > = 180 GOTOF  CC      IF  R1= < 0 GOTOF  CC
    R1=R1+0.1            R1=R1-0.1
    Z=R2×SIN(R1)
    X=R2×COS(R1)
    Y45
    IF  RI<180 GOTOB  BB          IF  RI>0 GOTOB  BB
CC:Z100 F3000
    G158
    X0 Y0
    M09
    M05
    M02
```

知识点：① 如果从左边往右边切削，则个别程序段替换为带阴影的程序段。

② 若为 90°圆弧，则同样根据切削顺序方向选择程序，并且更改对应的角度判断值。

外曲面圆弧倒角加工二（平头立铣刀）

例十四： 用 ϕ12mm 的平头立铣刀加工工件边缘 R10mm 的半圆弧倒角，工件长 Y=80mm，角度为 0°~90°（加工时，从下往上切削），每次抬刀 0.1°。如图 4-22 所示。

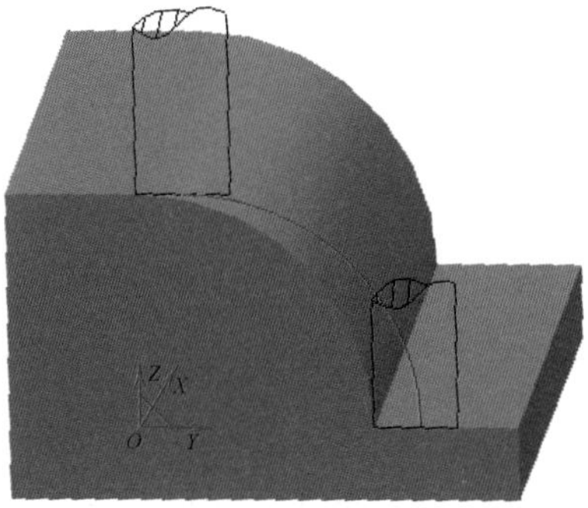

图 4-22　外曲面圆弧倒角（二）

```
    G90 G64 G54 Z100 M08 F5000
    M03 S2000
    G01 X16 Y-2
    R1=0
BB: Z=10×SIN(R1)
    X=10×COS(R1)+6
    Y82
    R1=R1+0.1
    IF R1>90 GOTOF CC
    Z=10×SIN(R1)
    X=10×COS(R1)+6
    Y=-2
    R1=R1+0.1
    IF R1<90 GOTOB BB
CC: Z100
    M09
    M05
    M02
```

知识点： 若为 90°圆弧，则同样根据切削顺序方向选择程序，并且更改对应的角度判断值。

内曲面圆弧倒角加工一（刀心对刀）

例十五：用 R5mm 的球头立铣刀加工 R10mm 的内半圆弧凹槽，圆弧长 Y=80mm，角度为 0~180°（加工时，从右边往左边切削），每次抬刀 0.1°，如图 4-23 所示。

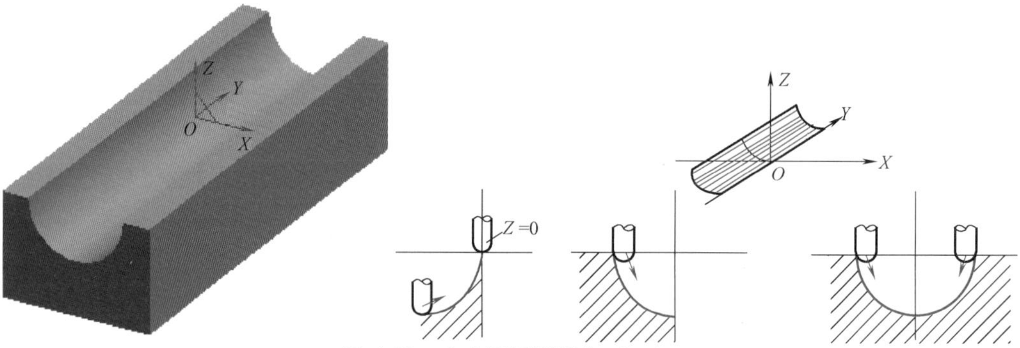

图 4-23 内曲面圆弧倒角（一）

```
    R5=5                                  刀具半径
    R1=-0.1         R1=180.1              圆弧起始角
    R2=10-R5                              刀心与圆弧曲面中心距
    G90 G64 G54 Z100 F3000
    S2000 M3 M8
    X0Y0
    G158 X( )Y( )Z( )                     (零点偏移,相对 G54)
    G01 X10 Y45                 X-10 Y45
    Z0 F1000
BB:R1=R1+0.1    BB:R1=R1-0.1
    X=R2×COS(R1)
    Z=-R2×SIN(R1)
    Y-45
    IF   R1 > = 180 GOTOF   CC          IF   R1= < 0 GOTOF   CC
    R1=R1+0.1               R1=R1-0.1
    X=R2×COS(R1)
    Z=-R2×SIN(R1)
    Y45
    IF   RI<180 GOTOB   BB                IF   RI>0 GOTOB   BB
CC:Z100 F3000
    X0 Y0
    M09
    M05
    M02
```

知识点：① 如果从左边往右边切削，则个别程序段替换为带阴影的程序段。
② 若为 90°圆弧，则同样根据切削顺序方向选择程序，并且更改对应的角度判断值。

内曲面圆弧倒角加工二（平头立铣刀）

例十六： 用 ϕ12mm 的平头立铣刀加工 R10mm 的内半圆弧凹槽，工件长 $Y=80$mm，角度为 0°~90°（加工时，从下往上切削），每次抬刀 0.1°，如图 4-24 所示。

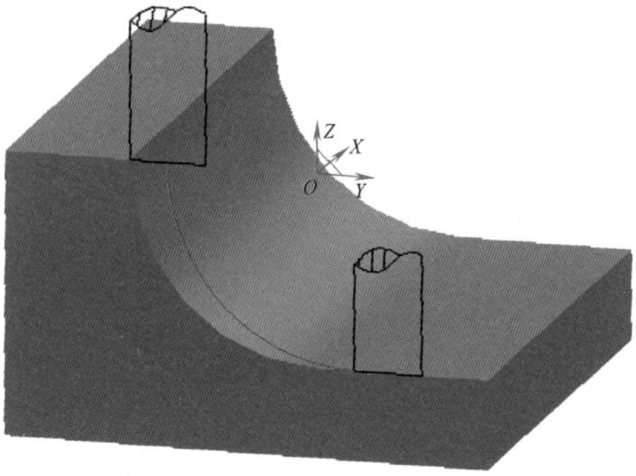

图 4-24　内曲面圆弧倒角（二）

```
    G90 G64 G54 Z100 M08 F5000
    M03 S2000
    G01 X16 Y-2
    R1=90
BB: Z=-10×SIN(R1)
    X=-10×COS(R1) +6
    Y82
    R1=R1-0.1
    IF R1<0 GOTOF CC
    Z=-10×SIN(R1)
    X=-10×COS(R1)+6
    Y-2
    R1=R1-0.1
    IF R1>0 GOTOB BB
CC: Z100
    M09
    M05
    M02
```

知识点： 若为 90°圆弧，则同样根据切削顺序方向选择程序，并且更改对应的角度判断值。

卧式半圆锥加工

例十七：加工卧式半圆锥，锥体长 25mm，大端圆半径为 *R*8mm，小端圆半径为 *R*6mm，两圆同心，用 *R*5mm 球头立铣刀加工，刀心对刀，如图 4-25 所示。

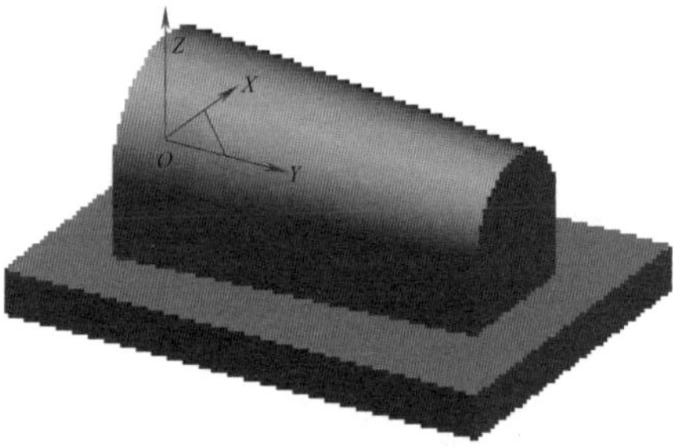

图 4-25　卧式半圆锥

```
      R1=0      角度增量
      R9=5      刀具半径(粗加工可把半径增大)
      G90 G64 G54 Z100 M08 F5000
      M03 S3000
      G158  X(   )Y(   )
      G259  RPL=
      G01 Y=(8+ R9)×COS(R1)   X=0
      Z=(8+ R9)×SIN(R1)   F100
AA：  R2=(6+ R9)×COS(R1)
      R3=(6+ R9)×SIN(R1)
      Y=R2   Z=R3   X25   F5000
      R1=R1+0. 1
      IF   R1>180   GOTOF   BB
      R4=(8+ R9)×COS(R1)
      R5=(8+ R9)×SIN(R1)
      Y=R4   Z=R5      X0
      R1=R1+0. 1
      IF   R1<=180   GOTOB   AA
BB：  Z100
      M09
      G158
      X0 Y0
      M05
      M02
```

知识点：在允许条件下尽可能选择较大直径的刀具，同时注意避免与工件底面发生碰撞或过切。

球面的加工

内圆球面加工一（刀心对刀、自下而上）

例十八： 用 $R5$mm 的球头立铣刀加工 $SR=15$mm 的内圆球面，采用环切进给，设角度增量为 $R3=0.1°$，则 Z 向抬刀增量为 $(15-5)$mm$\times\sin R3$，X 向的位移量为 $(15-5)$mm$\times\cos R3$，如图 4-26 所示。

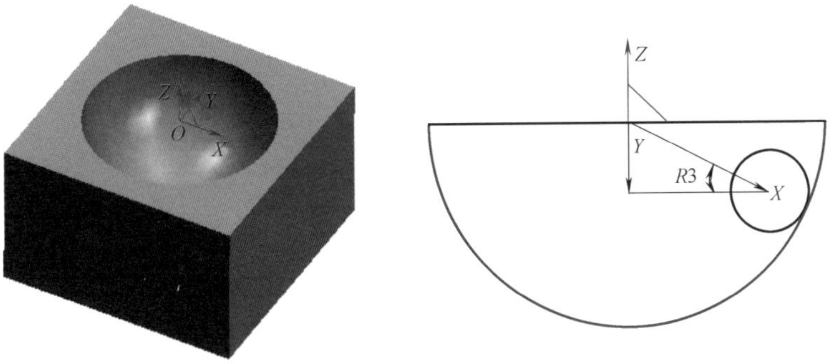

图 4-26 内圆球面（一）

```
    G90 G64 G54 Z100 M08 F5000
    M03 S4000
    X0 Y0
    Z6
    R3=90
    G901
BB: R3=R3-0.1
    R1=(15-5)×COS(R3)
    R2=(15-5)×SIN(R3)
    G01 Z=-R2 F100
    X=R1
    G02 I=-R1 F1500
    IF R3>0 GOTOB BB
    G01 Z100 F5000
    G900
    M09
    M05
    M02
```

知识点： ① 为保证第一刀加工时刀具不会 Z 向直插入工件，应先进行底孔的加工。

② 赋予变量值时，$R1$ 任何时候均不能为“0”，否则运行 G02 圆弧插补时半径为“0”会引起系统报警。其他的球面圆弧插补也同样受此条件限制。

内圆球面加工二（刀心对刀、自上而下）

例十九：用 $R5$mm 的球头立铣刀加工 $SR=15$mm 的内圆球面，采用环切进给，设角度增量为 $R3=0.1°$，则 Z 向下刀增量为（15-5）mm×sin$R3$，X 向的位移量为（15－5）mm×cos$R3$，如图 4-27 所示。

图 4-27　内圆球面（二）

```
      G90 G64 G54 Z100 M08 F5000
      M03 S4000
      X0 Y0
      Z6
      R3=60
      G901
BB：  R3=R3-0.1
      R1=(15-5)×COS(R3)
      R2=(15-5)×SIN(R3)
      G01 X=R1 F100
      Z=R2
      G02 I=-R1 F1500
      IF R3>-89.9 GOTOB BB
      G01 Z100 F5000
      G900
      M09
      M05
      M02
```

知识点：①为保证第一刀加工时刀具不会 Z 向直插入工件，故在设置角度初始值时应大于 0°，若要较准确定位，可通过三角函数计算确定 Z 向高度的初始角度。

② 本题的初始角度为 5mm=(15－5)mm×SIN$R3$，求 $R3$ 的值。

外圆球面加工一（刀心对刀、自下而上）

例二十： 用 $R5\text{mm}$ 的球头立铣刀加工 $SR=15\text{mm}$ 的外圆球面，采用环切进给，设角度增量为 $R3=0.1°$，则 Z 向抬刀增量为 $(15+5)\text{mm}\times\sin R3$，$X$ 向的位移量为 $(15+5)\text{mm}\times\cos R3$，如图 4-28 所示。

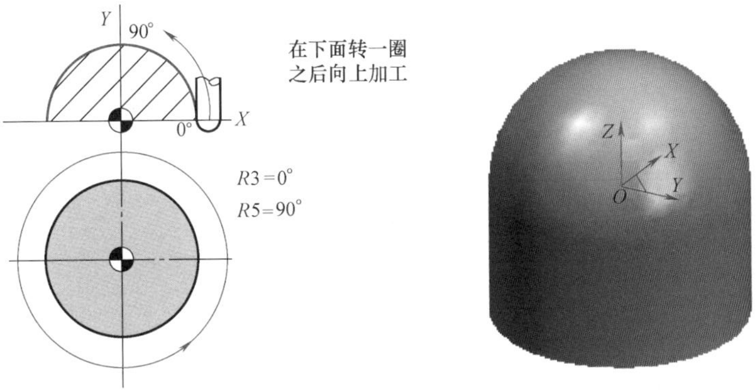

图 4-28　外圆球面（一）

```
    G90 G64 G54 Z100 M08 F5000
    M03 S4000
    X21 Y0
    Z21
    Z0 F100
    R3=-0.1
    G901
BB：R3=R3+0.1
    R1=(15+5)×SIN（R3）
    R2=(15+5)×COS（R3）
    G01 Z=R1 F100
    X=R2
    G02 I=-R2 F1500
    IF R3<89.9 GOTOB BB
    G01 Z100 F5000
    G900
    M09
    M05
    M02
```

知识点： 编写加工程序时，必须要先抬刀，再进行 X（或 Y）向的进刀，否则将在球面留下过切痕迹。

外圆球面加工二（刀心对刀、自上而下）

例二十一：用 R5mm 的球头立铣刀加工 SR=15mm 的外圆球面，采用环切进给，设角度增量为 R3=0.1°，则 Z 向抬刀增量为（15+5）mm×sinR3，X 向的位移量为（15+5）mm×cosR3，如图 4-29 所示。

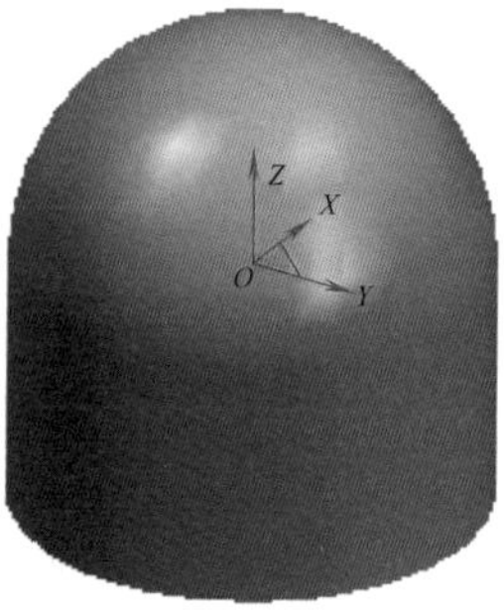

图 4-29　外圆球面（二）

```
    G90 G64 G54 Z100 M08 F5000
    M03 S4000
    X0 Y0
    Z25
    G01 Z20 F100
    R3=90
    G901
BB: R3=R3-0.1
    R1=(15+5)×COS (R3)
    R2=(15+5)×SIN (R3)
    G01 X=R1 F100
    Z=R2
    G02 I=-R1 F1500
    IF R3>0 GOTOB BB
    G01 Z100 F5000
    G900
    X0 Y0
    M09
    M05
    M02
```

知识点：编写加工程序时，必须要先抬刀，再进行 X（或 Y）向的进刀，否则将在球面留下过切痕迹。

外圆球面加工三（刀心对刀、自下而上）

例二十二： 用 ϕ12mm 的平头立铣刀加工 $SR=15$mm 的外圆球面，采用环切进给，设角度增量为 $R1=0.1°$，则 Z 向抬刀增量为 15mm×sin$R$1，X 向的位移量为 15mm×cos$R$1+5mm，如图 4-30 所示。

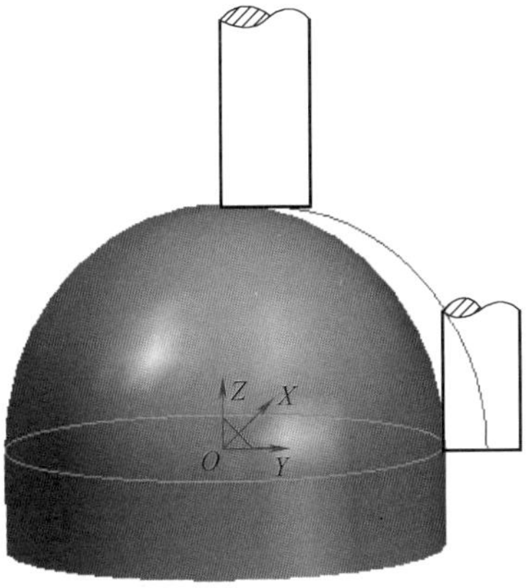

图 4-30　外圆球面（三）

```
    G90 G64 G54 Z100 M08 F5000
    M03 S4000
    X0 Y0
    X21 Y0
    G01 Z0 F100
    R1=0
BB：R2=15×SIN（R1）
    R3=15×COS（R1）+6
    G01 Z=R2 F100
    X=R3
    G02 I=-R3 F1500
    R1=R1+0.1
    IF  R3<=90 GOTOB  BB
    G01 Z100 F5000
    M09
    M05
    M02
```

知识点： 采用平头立铣刀加工，表面质量较差，一般用于粗加工。

半圆球面螺旋加工（刀心对刀、自下而上）

例二十三：用 $R5$mm 球头立铣刀加工 $SR=30$mm 的凸圆球面，螺旋进给，设 X、Y 平面角度增量为 $R3=1°$，Z 轴方向每转的角度增量为 1°，则 X、Y 每 1°的增量，Z 轴的抬刀角度为 $R2=1/(360°/1)$，如图 4-31 所示。

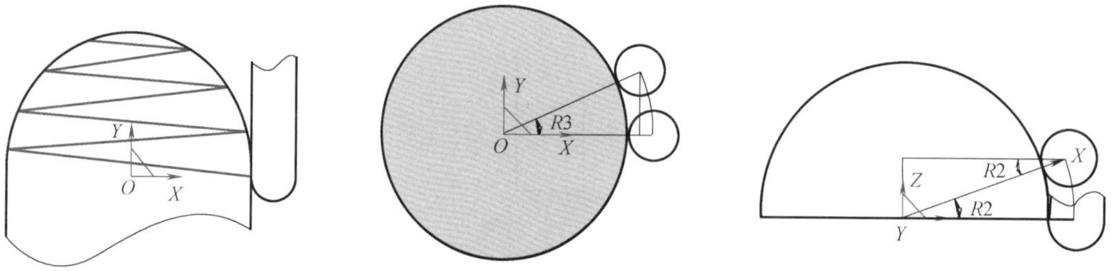

图 4-31 半圆球面螺旋加工

```
    R1=30+5
    R2=1/(360/1)
    R3=1
    G90 G64 G54 Z100 F5000
    M03 S2000
    X0 Y0
    G01 X=R1+1
    Z0
    X=R1 F500
    G02 I=-R1
BB:G01X=R1×COS(R2)×COS(R3) Y=R1×COS(R2)×SIN(R3) Z=R1×SIN(R2) F300
    R2=R2+[1/(360/1)]
    R3=R3+1
    IF  R2>=90 GOTOF  CC
    IF  R3<360 GOTOB  BB
    R3=0
    GOTOB BB
CC:G01 Z=100 F5000
    X0 Y0
    M09
    M05
    M02
```

知识点：① 刀具应在 $Z=0$ 的位置先进行一次平面整圆加工后，再进行螺旋加工。② 螺旋加工效率高，但因插补原因，加工的尺寸会过切，一般只在粗加工时选用。

椭圆的加工

椭圆型腔精加工（圆弧进刀）

例二十四： 精加工平面椭圆型腔，椭圆的尺寸是 80mm×60mm，高 10mm，用 ϕ10mm 的平头立铣刀加工。掏空内椭圆型腔，可先螺旋下刀加工圆形内腔，如图 4-32 所示。

```
    R1=90
    G90 G64 G54 Z100 M08 F5000
    M03 S2000
    G258 RPL=R4+90
    X0 Y0
    G01 Z-10
    X-5 Y5
    G41 G01 X8 Y22 T1
    G03 X0 Y30 I-8 J0F 300
BB: R1=R1+0.1
    G01 X=40×COS(R1) Y=30×SIN(R1)
    IFR1<450 GOTOB BB
    G03 X-8 Y22 I0 J-8
    G01 Z100 F5000
    G158
    G40 X0 Y0
    M09
    M05
    M02
```

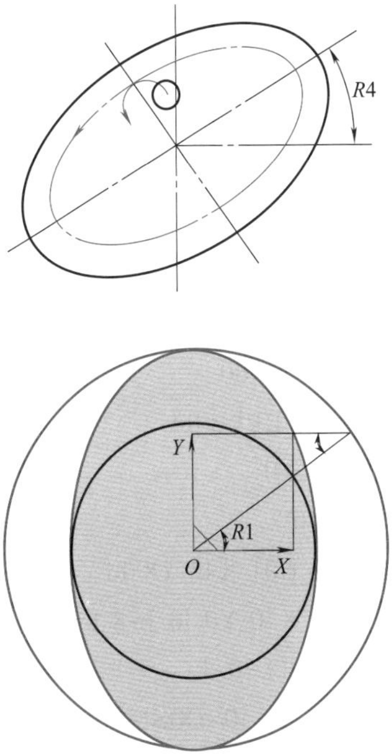

图 4-32　椭圆型腔

知识点： ① 加工椭圆应该用刀具补偿，如果在程序中用刀具偏移，会出现节点、角度的错误，导致工件过切、尺寸错误。

② 加工内椭圆在正常调用刀补时，切入点会引起工件过切，应该旋转坐标，把原 *Y* 轴正向改为 *X* 轴正向，把原 *X* 轴负向改为 *Y* 轴的正向，此时，把短半轴当长半轴计算，长半轴当短半轴计算。角度范围仍是 0°～360°。

③ 掏空内椭圆型腔，可先螺旋下刀加工圆形内腔，在不用刀补的情况下加工椭圆，最后调用刀补精加工型腔轮廓。

外椭圆精加工

例二十五：精加工平面椭圆凸台，椭圆的尺寸是 80mm×60mm，高 10mm，用 ϕ10mm 的平头立铣刀加工，如图 4-33 所示。

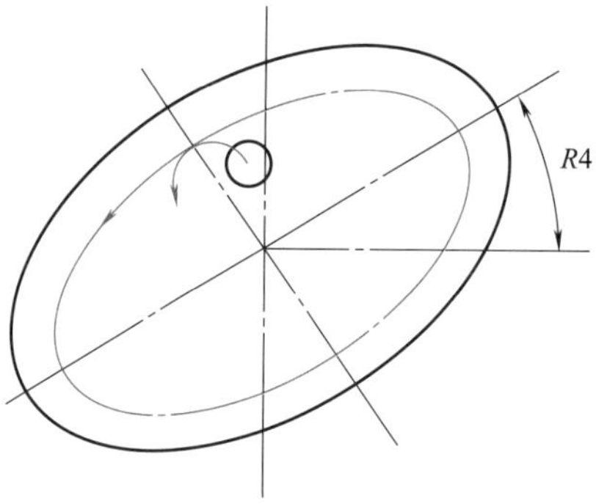

图 4-33 外椭圆

```
     R1=360
     G90 G64 G54 Z100 M08 F5000
     M03 S2000
     G258 RPL=R4
     X60 Y0
     Z-10
     G41 G01 X48 Y8 T1
     G03 X40 Y0 I0 J-8 F300
BB: R1=R1-0.1
     G01 X=40×COS(R1) Y=30×SIN(R1)
     IF R1>0 GOTOB BB
     G03 X48 Y-8 I8 J0
     G01 Z100 F5000
     G0 158
     G40 X0 Y0
     M09
     M05
     M02
```

知识点：① 加工椭圆应注意刀补应用，如刀补欠缺将导致椭圆位置公差出现较大误差。

② 刀具半径补偿方向 G041、G042 应判断正确，以免造成加工误差。

ZX 平面椭圆柱面加工

例二十六： 加工椭圆凸台，设椭圆的尺寸是 80mm×60mm，宽 10mm，用 R2mm 的球头立铣刀加工，如图 4-34 所示。

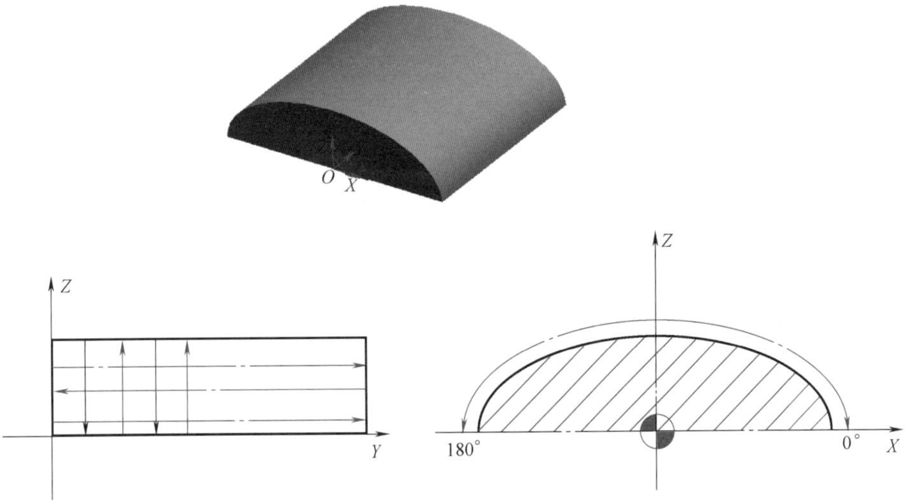

图 4-34　ZX 平面椭圆柱面

```
    R1=0
    R2=30+2
    R3=40+2
    G90 G64 G54 Z100 M08 F5000
    M03 S3000
    G01 X=R3 Y-2
    Z0
BB: G01Z=R2×SIN(R1) F3000
    X=R3×COS(R1)
    Y12
    R1=R1+0.1
    IF R1>180 GOTOF CC
    Z=R2×SIN(R1)
    X=R3×COS(R1)
    Y-2
    R1=R1+0.1
    IF R1<=180 GOTOB BB
CC: G01 Z100 F5000
    X0 Y0 M09
    M05
    M02
```

知识点： 为避免加工中发生撞刀危险，工件装夹高度应考虑起始位置和终止位置刀具 Z 向的伸出长度。

外椭圆曲面加工（刀心对刀无刀补、自下而上）

例二十七：加工外椭圆曲面，设椭圆的尺寸是 80mm×60mm×60mm，用 *R*2mm 的球头立铣刀加工，如图 4-35 所示。

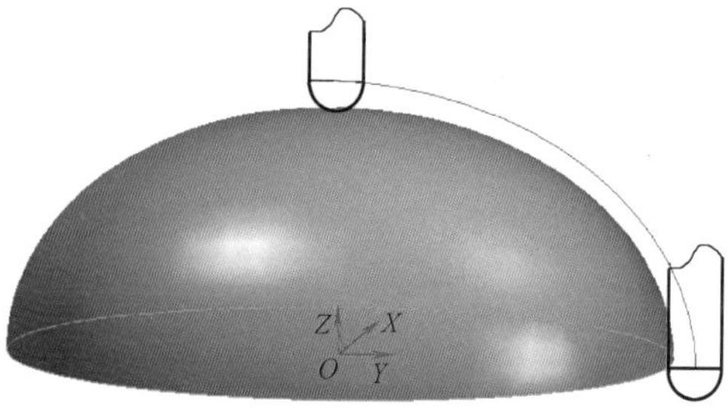

图 4-35　外椭圆曲面

```
    R1=0
    R2=0
    R3=40+2
    R4=30+2
    R5=30+2
    G90 G64 G54 Z100 M08 F5000
    M03 S3000
    X52 Y10
    Z0
    G02 X42 Y0I6 J0
BB:G01X=R3×SIN(R1) Y=R4×COS(R1)
    R1=R1+0.1
    IF R1<=360 GOTOB BB
    R1=0
    R2=R2+0.2
    R3=42×COS(R2)
    R4=32×COS(R2)
    R5=32×SIN  (R2)
    Z=R5
    IF R2<=90 GOTOB  BB
    Z100 M09 F5000
    G40 X0 Y0
    M05
    M02
```

知识点：① 由于使用球头立铣刀加工椭圆时无法通过刀具半径变量补偿对 *X* 轴、*Y* 轴、*Z* 轴方向进行加工补偿，故为保证加工曲面每个点都为合格尺寸，则选用平头立铣刀加工，*X*、*Y* 平面采用刀补加工。

② 如直接用球头立铣刀进行插补，为减少误差、过切量，应尽可能选用小尺寸刀具进行精加工。

椭圆凹槽加工（刀尖对刀）

例二十八： 加工如图 4-36 所示椭圆凹槽。

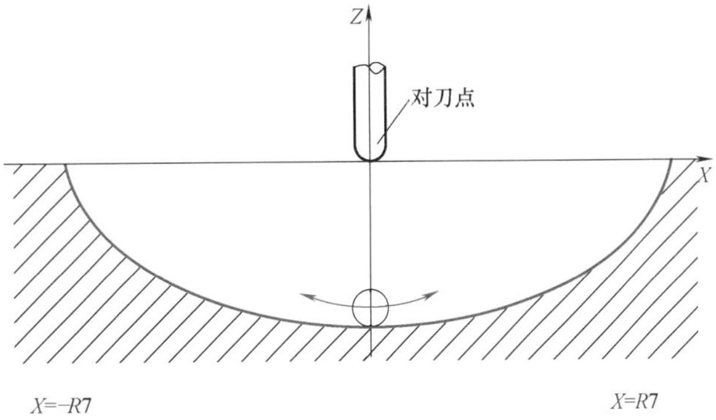

图 4-36　椭圆凹槽

```
    R1=长半轴长(X)(半径)
    R2=Z 向半轴长(Z)(半径)
    R3=刀具直径
    R17=工件 Y 向长度(L/2)
    R18=角度自变量(0)
    R19=角度增量
    G90 G64 G54 X0 Y0 F3000
    S1500 M3 M8
    G01 Z1
    R13=R3/2
    G158 Z=-R13          (若 G158 无效,则改用刀心对刀)
    R5=R1-R13
    R6=R2-R13
AA:Y=R17
    R7=R5×SIN(R18)
    R8=R6×COS(R18)
    Z=-R8 F300
▲X=R7             (X=-R7)
    R18=R18+R19
    IF   R>90   GOTOF   BB
    Y=-R17
    R7=R5×SIN(R18)
    R8=R6×COS(R18)
    Z=-R8
▲X=R7          (X=-R7)
    R18=R18+R19
    IF   R18<=90   GOTOB   AA
BB:Z30   F3000
    G158
    X0 Y0
    M09
    M02
```

知识点： ①本程序是将凹槽分两次加工，第一次加工左凹槽，第二次加工右凹槽（把 $X=R7$ 换为 $X=-R7$）。

② $R19$ 的角度增量根据加工需达到的粗糙度自行选择，一般为 0.5°~1°。

部分椭圆加工

例二十九： 加工如图 4-37 所示部分椭圆。

R1 = 椭圆长半轴长(*Y*)　(*X*)
R2 = 椭圆短半轴长(*X*)　(*Y*)
R3 = 刀具半径
R4 = 椭圆长半轴与+*X* 轴的夹角
R5 = *Z* 轴自变量
R6 = *Z* 轴增量
R7 = 角度自变量(起始角度)
R8 = 角度增量
R9 = 椭圆加工深度
R10 = 椭圆圆心在 *X* 轴的坐标,相对 G54
R11 = 椭圆圆心在 *Y* 轴的坐标,相对 G54
R13 = R1+R3
R14 = R2+R3
R17 = 终止角度　(180±R7)

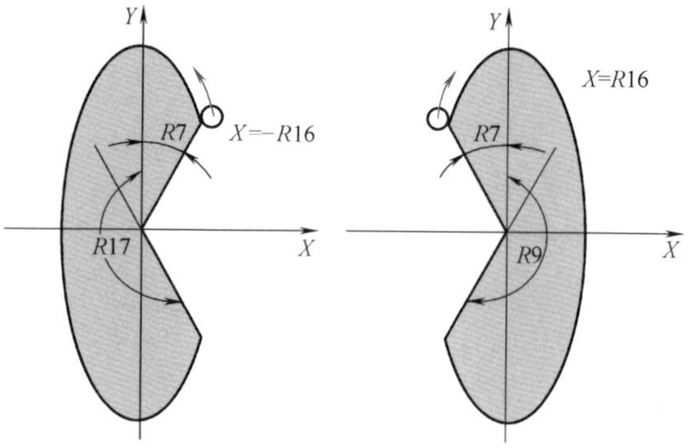

图 4-37　部分椭圆

```
    G90 G64 G54 X0 Y0 F3000
    S3000  M3 M8
    G158 X=R10 Y=R11
    Z=-R5+1
AA:R5=R5+R6
BB:R15=R13×COS(R7)
    R16=R14×SIN(R7)
    G01 X=-R16  Y=R15  F800
    Z=-R5  F200
    R7=R7+R8
    IF  R7<=R17  GOTOB  BB
    R7=0
    Z3  F3000
    IF  R5<R9  GOTOB  AA
    F1  Z30  F3000
    G158
    X0 Y0
    M09
    M02
```

知识点： 根据给出的条件，例如根据给出的节点，算出节点的角度，再进行编程计算。

螺纹孔的加工

平面螺旋扩孔（先钻底孔）

例三十：加工一个直径为 ϕ50mm 的圆孔，加工刀具为 ϕ12mm 平头立铣刀，刀具每走一圈（360°）的位移量为 10mm，即每 1°螺旋角移动的距离为（10/360）mm。

即：总移动圈数为（50−12）mm/10mm＝3. 8 圈，为保证加工圈数为整数，则起始值做调整：0. 8×10mm＝8mm　得加工角度为 360°×3＝1080°，如图 4-38 所示。

```
    G90 G54 Z10 F3000 T1
    M03 S1000
    X0 Y0
    Z5
    Z0 F1000
    R1=8                                    斜边起始量
    R2=0                                    角度起始量
AA:R1=R1+10/360                             斜边长度变量
    R2=R2+1                                 角度增量
    X=R1 * COS(R2)   Y=R1 * SIN(R2)         每 1°XY 方向位移量
    IF R2<1080 GOTO B AA                    循环条件判断
    G03 X=R1 * COS(R2) I=R1 * COS(R2)       圆孔修正
    G03 X0 I19                              圆弧退刀
    G01 Z50
    M09
    M05
    M02
```

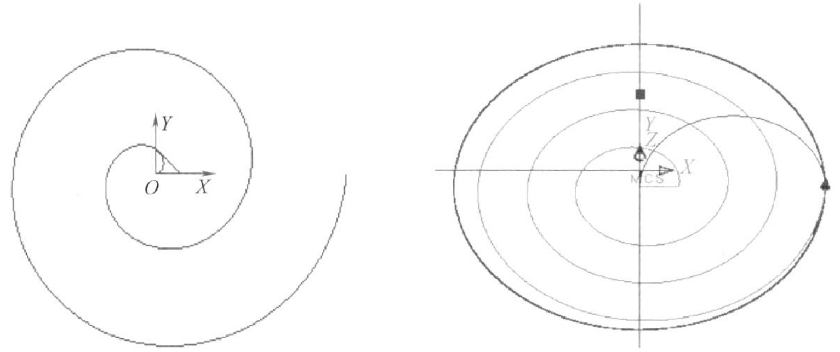

图 4-38　平面螺旋

知识点：

① 平面扩孔必须先预加工底孔，为避免换刀，可直接调用“螺旋下刀”的孔加工方法。

② 为保证最后进行孔的修正，螺旋的圈数必须是整数，即最后下刀点应该在 *X* 轴或 *Y* 轴上，否则圆弧的终点坐标及圆心坐标无法确定。

③ 进行圆孔修正的精加工应为顺铣，在退刀时必须进行圆弧切向退刀。

通用螺纹铣削宏程序

例三十一 使用G03/G02三轴联动走螺旋线，刀具沿工件表面（孔壁或圆柱外表）切削。螺旋插补一周，刀具 *Z* 向（负方向）走一个螺距量。

编程原理：

G02 Z-2.5 I3.

Z-2.5表示螺距为2.5mm，假设刀具半径为5mm，则加工M16的右旋螺纹。

优势：

使用三轴联动数控铣床或加工中心进行螺纹加工，相对于传统螺纹加工具有以下特点：

1）如螺距为2mm的螺纹铣刀可以加工各种公称直径，螺距为2mm的内外螺纹。

2）采用铣削方式加工螺纹，螺纹的质量比传统加工方式质量高。

3）采用机夹式刀片刀具，寿命长。

4）多齿螺纹铣刀加工时，加工速度远超攻螺纹。

5）首件通过止规检测后，后面的工件加工质量稳定。

使用方法：

G65 P1999 X __ Y __ Z __ R __ A __ B __ C __ S __ F_

X、*Y*——螺纹孔或外螺纹的中心位置：*X*=#24，*Y*=#25。

Z——螺纹加工到底部，*Z* 轴的位置（绝对坐标）Z=#26。

R——快速定位（安全高度）开始切削螺纹的位置，*R*=#18。

A——螺纹螺距，*A*=#1。

B——螺纹公称直径，*B*=#2。

C——螺纹铣刀的刀具半径，*C*=#3，内螺纹加工为负数 外螺纹加工为正数。

S——主轴转速。

F——进给速度，主要用于控制刀具的每齿吃刀量。

FANUC系统编程示例：

G65 P1999 X30 Y30 Z-10 R2 A2 B16 C-5 S2000 F150；

在X30Y30的位置加工M16螺距为2mm深10mm的右旋螺纹，加工时主轴转速为2000r/min，进给速度为150mm/min。

宏程序代码

```
O1999;
G90 G94 G17 G40;
G0 X#24 Y#25;              快速定位至螺纹中心的X、Y坐标
M3 S#19;                   主轴以设定的速度正转
#31=#2*0.5+#3;             计算出刀具偏移量
#32=#18-#1;                刀具加工螺旋线时,第一次下刀的位置
#33=#24-#31;               计算出刀具移动到螺纹起点的位置
G0 Z#18;                   刀具快速定位至R点
G01 X#33 F#9;              刀具直线插补至螺旋线的起点,起点位于X轴的负方向
N20 G02Z-#32 I#31;         以偏移量作为半径,以螺距作为螺旋线Z向进给量(绝
                           对坐标)
```

```
IF[ #32 LE #26]GOTO 30;                  当前 Z 向位置大于或等于设定 Z 向底位时，进行跳转
#32=#32-#1;                              Z 向的下个螺旋深度目标位置（绝对坐标）
GOTO 20;
N30;
IF[ #3 GT0]THEN #6=#33-#1;               外螺纹，退刀时刀具往 X 轴的负方向退一个螺距量
IF[ #3 LT0]THEN #6=#24;                  内螺纹，退刀时刀具移动到螺纹中心位置
G0 X#6
G90 G0 Z#18;                             提刀至安全高度
M099;
```

SIEMENS 系统编程示例：

```
    R24=30 R25=30                        螺纹孔或外螺纹的中心位置
    R26=10                               螺纹加工到底部，Z 轴的位置（绝对坐标）
    R18=2                                快速定位（安全高度）开始切削螺纹的位置
    R1=2                                 螺纹螺距
    R2=16                                螺纹公称直径
    R3=-3                                螺纹铣刀的刀具半径，内螺纹加工为负数，外螺纹加工
                                         为正数
    R19=2000                             主轴以设定的速度运行
    R9=150                               切削进给速度
    G90 G64 G17 G40;
    G0 X=R24 Y=R25;
    M3 S=R19;
    R31=R2*0.5+R3 R33=R24-R31;
    G0 Z=R18;
    G01 X=R33 F=R9;
AA: R32=R18+R1
    G02 I=-R31 Z=-R32;
    IF   R32<R26   GOTOB   AA;
    IF   R3>0   GOTOF   BB
    R6=R24
    GOTOF CC
BB:R6=R33-R1
CC:G0X=R6
    G90 G0 Z=R18;
    M02
```

附录

附录 A　硬质合金参数的标识方法

硬质合金机夹刀片型号各个字母及数字代表意义如下：

例	C	N	M	G	12	04	08	N	GU
	(1)	(2)	(3)	(4)	(5)	(6)	(7)	(8)	(9)(10)
	(1)形状代号		(3)公差代号		(5)切削刃长度代号		刀尖 R 代号		(9)(10)断屑槽代号
	参照附表 1		参照附表 3		参照附表 5		参照附表 7		参照附表 9
		(2)刀片后角代号		(4)槽孔代号		(6)厚度代号		(8)方向代号	
		参照附表 2		参照附表 4		参照附表 6		参照附表 8	

硬质合金机夹刀片型号各个字母及数字代表意义见附表 1～附表 10。

附表 1　形状代号

代号	刀片形状		顶角
C			80°
D			55°
E		菱形	75°
F			50°
V			35°
R		圆形	360°
S		正方形	90°
T		正三角形	60°
W		等边不等角六变形	80°
A			85°
B		平行四边形	82°
K			55°
H		正六边形	120°
O		正八边形	135°
P		正五边形	108°
L		长方形	90°
M		菱形	86°

附表 2　刀片后角代号

代号	后角	
A	3°	
B	5°	
C	7°	
D	15°	
E	20°	
F	25°	
G	30°	
N	0°	
P	11°	
P *	10°	
O	其他	

附表 3　公差代号

代号	刀尖高公差/mm	内接圆公差/mm	厚度公差/mm
A	±0.005	±0.025	±0.025
F	±0.005	±0.013	±0.025
C	±0.013	±0.025	±0.025
H	±0.013	±0.013	±0.025
E	±0.025	±0.025	±0.025
G	±0.025	±0.025	±0.13
J	±0.005	±0.05～±0.15	±0.025
K	±0.013	±0.05～±0.15	±0.025
L	±0.025	±0.05～±0.15	±0.025
M *	±0.08～±0.2	±0.05～±0.15	±0.13
N	±0.08～±0.2	±0.05～±0.15	±0.025
U	±0.13～±0.38	±0.08～±0.25	±0.13

注：M 级刀片主要用于车刀。

附表 4　槽孔代号

代号	孔	孔形	断屑槽	代号	孔	孔形	断屑槽
N	无	无	无	A	有	圆筒孔	无
R			单面	M			单面
F			双面	G			双面
W	有	孔+单面 40°～60°	无	B	有	孔+单面 70°～90°	无
T			单面	H			单面
Q	有	孔+双面 40°～60°	无	C	有	孔+双面 70°～90°	无
U			双面	J			双面

附表 5　切削刃长度代号

形状	代号	切刃长/mm	内接圆直径/mm
菱形 80°	06	6.4	6.35
	08	8.0	7.94
	09	9.7	9.525
	12	12.9	12.7
	16	16.1	15.875
	19	19.3	19.05
正方形	06	6.35	6.35
	S7	7.14	7.14
	07	7.94	7.94
	09	9.525	9.525
	12	12.7	12.7
	15	15.875	15.875
	19	19.05	19.05
	25	25.4	25.4
	31	31.75	31.75

形状	代号	切刃长/mm	内接圆直径/mm
圆形	08	8.0	8.0
	10	10.0	10.0
	12	12.0	12.0
	12	12.7	12.7
	15	15.875	15.875
	16	16.0	16.0
	19	19.05	19.05
	25	25.0	25.0
	25	25.4	25.4
菱形 55°	07	7.7	6.35
	11	11.6	9.525
	15	15.5	12.7
	19	19.4	15.875
菱形 35°	09	9.7	5.56
	11	11.1	6.35
	16	16.6	9.525

（续）

形状	代号	切刃长/mm	内接圆直径/mm
三角形 	06	6.9	3.97
	08	8.2	4.76
	09	9.6	5.56
	11	11.0	6.35
	16	16.5	9.525
	22	22.0	12.7
	27	27.5	15.875
	33	33.0	19.05

形状	代号	切刃长/mm	内接圆直径/mm
六角形	03	3.8	5.56
	04	4.3	6.35
	05	5.4	7.94
	06	6.5	9.525
	08	8.7	12.7
	10	10.9	15.875

附表 6　厚度代号

代号	厚度/mm
01	1.59
02	2.38
T2	2.78
03	3.18
T3	3.97
04	4.76
06	6.35
07	7.94
09	9.52

附表 7　刀尖半径代号

代号	*R*/mm
00	尖刃
01	0.1
02	0.2
04	0.4
08	0.8
12	1.2
16	1.6
24	2.4
M0	圆形

附表 8　方向代号

代号	方向	代号	方向
R	右	N	无
L	左		

附表 9　断屑槽代号

代号	用途分类	博基型	全周型	方向型
F□	微小至精切削	FA FL FK FP		FT FX FZ FY FW
S□ L□	轻切削	SC SF SK SP SS SU SX LU LUW	EX	SD SDW ST
G□ U□	一般切削	GU GU WUG UPUS UX	UZ	UM
M□	粗切削	MP MU MX	MC	MM
H□	重切削	HG HP		

附表 10　断屑槽代号（补充）

宽口断屑槽	W	圆形刀片用	RD RP
双正型断屑槽	GX	铝材用	AW AG
倒角用	C	渗碳层去除加工用	SV
圆形刀片用	RD RP		

附录 B　常用刀具材料可切削加工的主要工件材料

刀具材料		结构钢	合金钢	铸铁	淬火钢	冷硬铸铁	镍基高温合金	钛合金	铜、铝等有色金属	非金属
高速钢		✓	✓	✓	—	—	✓	✓	✓	✓
硬质合金	P 类	✓	✓		—	—	—	—	—	
	M 类	✓	✓	✓	—	—	✓	—	✓	✓
	K 类	—	—	✓	—	✓	✓	✓	✓	✓
涂层硬质合金		✓	✓	✓	—	—	—	—	—	✓
超硬材料	陶瓷	✓	✓	✓	—	—	✓	—	—	—
	金刚石	—	—	—	—	—	—	—	✓	✓
	立方氮化硼	—	—	—	✓	✓	✓	—	—	—

附录 C　各种加工表面对应刀具的选择参考表

序号	加工部位	可选用刀具种类	序号	加工部位	可选用刀具种类
1	平面	机夹可转位平面铣刀	9	较大曲面	多刀片机夹可转位球头立铣刀
2	带倒角的开敞槽	机夹可转位倒角平面铣刀	10	大曲面	机夹可转位圆刀片面铣刀
3	T 形槽	机夹可转位 T 形铣刀	11	倒角	机夹可转位倒角铣刀
4	带圆角的开敞槽	长柄机夹可转位圆刀片铣刀	12	型腔	机夹可转位圆刀片立铣刀
5	一般曲面	整体硬质合金球头立铣刀	13	外形粗加工	机夹可转位玉米铣刀
6	较深曲面	加长整体硬质合金球头立铣刀	14	台阶平面	机夹可转位直角平面铣刀
7	曲面	多刀片机夹可转位球头立铣刀	15	直角腔槽	机夹可转位立铣刀
8	曲面	单刀片机夹可转位球头立铣刀			

附录 D　FANUC 系统指令

附表 11　FANUC 系统指令表

代码	组	含义	格式
G00	01	定位（快速移动）	G00 XYZ
G01		直线插补（切削进给）	G01 XYZF
G02		圆弧插补	G02 XYR/IJF
G03		圆弧插补	G03 XYR/IJF

（续）

代码	组	含义	格式
G04	00	暂停、准确停止	G04P
G05.1		AI 先行控制/轮廓控制	
G05.4		HRV3 接通/断开	
G07.1		圆柱插补	
G09		准确停止	
G10		可编程数据输入	
G11		可编程数据输入取消	
G15	17	极坐标指令取消	
G16		极坐标指令	
G17	02	*XY* 平面	
G18		*XZ* 平面	
G19		*YZ* 平面	
G20	06	寸制输入	
G21		米制输入	
G22	04	存储行程检测功能开	
G23		存储行程检测功能关	
G27	00	返回参考点检测	
G28		自动返回参考点	
G29		从参考点移动	
G30		返回第 2、第 3、第 4 参考点	G30 XYZ
G31		跳过功能	
G33	01	螺纹切削	G33 XYZF(导程)
G37	00	刀具长度自动测定	
G39		工具半径补偿拐角圆弧插补	
G40	07	刀具半径补偿取消	
G41		刀具半径左补偿	G41 XYD　刀补号
G42		刀具半径右补偿	G42 XYD　刀补号
G40. 1	18	法线方向控制取消方式	
G41. 1		法线方向控制左侧开	
G42. 1		法线方向控制右侧开	
G43	08	刀具长度补偿+	G43 ZH 刀补号
G44		刀具长度补偿-	G44 ZH 刀补号
G45	00	刀具位置偏置伸长	
G46		刀具位置偏置缩小	
G47		刀具位置偏置伸长 2 倍	
G48		刀具位置偏置缩小 2 倍	

（续）

代码	组	含义	格式
G49	08	刀具长度补偿取消	
G50	11	比例缩放取消	
G51		比例缩放	
G50.1	11	可编程镜像取消	
G51.1		可编程镜像	
G52	00	局部坐标系设定	
G53		机械坐标系选择	
G54	14	工件第一坐标系	
G54.1		选择追加工件坐标系	
G55		工件第 2 坐标系	
G56		工件第 3 坐标系	
G57		工件第 4 坐标系	
G58		工件第 5 坐标系	
G59		工件第 6 坐标系	
G60	00	单向定位	G60 XYZ
G61	15	准确停止方式	
G62		自动拐角倍率	
G63		攻螺纹方式	
G64		切削方式	
G65	00	宏程序调用	
G66	12	宏模态调用	
G67		宏模态调用取消	
G68	16	坐标旋转开	
G69		坐标旋转关	
G73	09	深孔钻削循环	G73 XYZRQFK
G74		反向攻螺纹循环	G74 XYZRPQFK
G75	01	切入式磨削循环	数控磨削用
G76	09	精细钻孔循环	G76 XYZRQPFK
G80	09	固定循环取消	
G80.4	34	电子齿轮箱同步取消	
G81.4		电子齿轮箱同步开始	
G81	09	钻孔循环、镗孔循环	G81 XYZRFK
G82		钻孔循环、镗阶梯孔循环	G82 XYZRPFK
G83		深孔钻削循环	G83 XYZRQFK
G84		刚性攻螺纹	G84 XYZRPQFK
G84.2		刚性攻螺纹循环	

（续）

代码	组	含义	格式
G84.3	09	反向刚性攻螺纹循环	
G85		镗孔循环	G85 XYZRFK
G86		镗孔循环	G86 XYZRFK
G87		镗孔循环	G87 XYZRQPFK
G88		镗孔循环	G88 XYZRPFK
G89		镗孔循环	G89 XYZRPFK
G90	03	绝对指令	
G91		增量指令	
G92	00	工件坐标系设定	
G93	05	反比时间进给	
G94		分钟进给	
G95		每转进给	
G96	13	周速恒定控制	
G97		周速恒定控制取消	
G98	10	固定循环返回初始平面	
G99		固定循环返回 *R* 点	

附表 12　FANUC 辅助功能 M 指令表

代码	功能作用范围	功能	代码	功能作用范围	功能
M00	*	程序停止	M36	*	进给范围 1
M01	*	计划结束	M37	*	进给范围 2
M02	*	程序结束	M38	*	主轴速度范围 1
M03		主轴顺时针转动	M39	*	主轴速度范围 2
M04		主轴逆时针转动	M40-M45	*	齿轮换档
M05		主轴停止	M46-M47	*	不指定
M06	*	换刀	M48	*	注销 M49
M07		2 号切削液	M49	*	进给率修正旁路
M08		1 号切削液	M050	*	3 号切削液
M09		切削液关	M051	*	4 号切削液
M10		夹紧	M052-M054	*	不指定
M11		松开	M055	*	刀具直线位移，位置 1
M12	*	不指定	M056	*	刀具直线位移，位置 2
M13		主轴顺时针，切削液开	M057-M059	*	不指定
M14		主轴逆时针，切削液开	M60		更换工作
M15	*	正运动	M61		工件直线位移，位置 1
M16	*	负运动	M62	*	工件直线位移，位置 2
M17-M18	*	不指定	M63-M70	*	不指定
M19		主轴定向停止	M71	*	工件角度位移，位置 1
M020-M029	*	永不指定	M72	*	工件角度位移，位置 2
M02	*	纸带结束	M73-M89	*	不指定
M31	*	互锁旁路	M090-M099	*	永不指定
M32-M35	*	不指定			

注：* 表示如作特殊用途，必须在程序格式中说明。

附录 E　SIEMENS 系统指令

附表 13　SIEMENS 系统指令表

分类	分组	代码	意义	格式	备注
插补	1	G0	快速插补(笛卡儿坐标)	G0 X… Y… Z…	在直角坐标系中
			快速插补(笛卡儿坐标)	G0 AP=…RP… 或者 G0 AP=…RP=…Z…	在极坐标系中
		G01 *	直线插补(笛卡儿坐标)	G01 X… Y… Z… F…	在直角坐标系中
			直线插补(笛卡儿坐标)	G01 AP=…RP…F… 或者 G01 AP=…RP=…Z… F…	在极坐标系中
		G02	顺时针圆弧(笛卡儿坐标，终点+圆心)	G02 X… Y… I… J… F…	X、Y 确定终点，I、J、F 确定圆心
			顺时针圆弧(笛卡儿坐标，终点+半径)	G02 X… Y… CR=… F…	X、Y 确定终点，CR 确定半径(大于 0 为优弧，小于 0 为劣弧)
			顺时针圆弧(笛卡儿坐标，圆心+圆心角)	G02 AR=… I… J… F…	AR 确定圆心角(0°～360°)，I、J、K 确定圆心
			顺时针圆弧(笛卡儿坐标，终点+圆心角)	G02 AR=… X… Y… F…	AR 确定圆心角(0°～360°)，X、Y 确定终点
				G02 AP=…RP…F… 或者 G02 AP=…RP=…Z…F…	
		G03	逆时针圆弧(笛卡儿坐标，终点+圆心)	G03 X… Y… I… J… F…	
			逆时针圆弧(笛卡儿坐标，终点+半径)	G03 X… Y… CR=… F…	
			逆时针圆弧(笛卡儿坐标，圆心+圆心角)	G03 AR=… I… J… F…	
			逆时针圆弧(笛卡儿坐标，终点+圆心角)	G03 AR=… X… Y… F…	
				G03 AP=…RP…F… 或者 G03 AP=…RP=…Z…F…	

（续）

分类	分组	代码	意义	格式	备注
插补	1	G33	恒螺距的螺纹切削	S…M…	主轴速度，方向
				G33Z…K…	带有补偿夹具的锥螺纹切削
		G331	螺纹插补	N10 SPOS=	主轴处于位置调节状态
				N20 G331 Z…K…S…	在主轴方向不带补偿夹具攻螺纹；右旋螺纹或左旋螺纹通过螺距的符号（比如K+）确定 +：同 M3 -：同 M4
		G332	不带补偿夹具切削内螺纹——退刀	G332Z…K..	不带补偿夹具切削螺纹——*Z* 退刀 螺距符号同 G0331
平面	6	G17 *	指定 *XY* 平面	G17	该平面上的垂直轴为刀具长度补偿轴
		G18	指定 *ZX* 平面	G18	该平面上的垂直轴为刀具长度补偿轴
		G19	指定 *YZ* 平面	G19	该平面上的垂直轴为刀具长度补偿轴
增量设置	14	G90 *	绝对尺寸	G90	
		G91	增量尺寸	G91	
单位	13	G70	寸制尺寸	G70	
		G71 *	米制尺寸	G71	
	2	G04	暂停时间	G04	
工件坐标	8	G500 *	取消可设定零点偏值	G500	
		G55	第二可设定零点偏值	G55	
		G56	第三可设定零点偏值	G56	
		G57	第四可设定零点偏值	G57	
		G58	第五可设定零点偏值	G58	
		G59	第六可设定零点偏值	G59	
复位	2	G74	回参考点（原点）	G74 X1 = … Y1 = … Z1 = …	回原点的速度为机床固定值，指定回参考点的轴不能有 Transformation，若有，需用 TRAFOOF 取消
		G75	回固定点	G75 X1 = … Y1 = … Z1 = …	

（续）

分类	分组	代码	意义	格式	备注
刀具补偿	7	G40 *	刀具半径补偿方式的取消	G40	在指令 G40、G41 和 G42 的一行中必须同时有 G0 或 G01 指令（直线），且要指定一个当前平面内的一个轴，如在 *XY* 平面下，N20 G01 G41 Y50
		G41	调用刀具半径补偿，刀具在轮廓左侧移动	G41	
		G42	调用刀具半径补偿，刀具在轮廓左侧移动	G42	
	9	G53	按程序段方式取消可设定零点偏值	G53	
	18	G450 *	圆弧过渡	G450	
		G451	等距线的交点，刀具在工件转角处不切削	G451	

注：加“ * ”的功能程序启动时生效。

附表 14　SIEMENS 辅助功能 M 指令表

代码	意义	格式	备注
M0	程序停止	M0	用 M0 停止程序的执行；按“启动”键加工继续执行
M01	程序有条件停止	M01	与 M0 一样，但仅在出现专门信号后才生效
M02	程序结束	M02	在程序的最后一段被写入
M03	主轴顺时针旋转	M03	
M04	主轴逆时针旋转	M04	
M05	主轴停转	M05	
M06	更换刀具	M06	在机床数据有效时用 M06 更换刀具，其他情况下用 T 指令进行

附表 15　SIEMENS 其他指令表

指令	意义	格式
IF	有条件程序跳跃	LABEL： IF expression GOTOB LABEL 或 IF expression GOTOF LABEL LABEL： IF　　条件关键字 GOTOB　带向后跳跃目的的跳跃指令（朝程序开头） GOTOF　带向前跳跃目的的跳跃指令（朝程序结尾） LABEL　目的（程序内标号） LABEL：跳跃目的；冒号后面的跳跃目的名 = =　　等于 <>不等于；>大于；<小于 >=　大于或等于；<=　小于或等于

（续）

指令	意义	格式
COS( )	余弦	COS(X)
SIN( )	正弦	SIN(X)
SQRT( )	开方	SQRT(X)
TAN( )	正切	TAN(X)
POT( )	平方值	POT(X)
TRUNC( )	取整	TRUNC(X)
ABS( )	绝对值	ABS(X)
GOTOB	向后跳转指令。与跳转标志符一起，表示跳转到所标志的程序段，跳转方向向前	标号： GOTOB LABEL 参数意义同 IF
GOTOF	向前跳转指令。与跳转标志符一起，表示跳转到所标志的程序段，跳转方向向后	GOTOF LABEL 标号： 参数意义同 IF
MCALL	循环调用	如：N10　MCALL CYCLE…(1.78,8,…)

附录 F　FANUC 与 SIEMENS 系统指令的区别

FANUC	802S	802D	说明
G05.1 Q1	G64		预读、终点减速
#	R		变量
X#1	X=R1		变量赋值
#1=30	R1=30		变量赋值
#1=#1+1	R1=R1+1		变量计算
GOTO	GOTOB(F)		程序跳转
N22	AA:		跳转地址
22	AA		跳转路径
[#1GT10]	R1>10		跳转条件比较
GT	>		大于
LT	<		小于
EQ	(==)		等于
LE	>=		大于或等于
GE	<=		小于或等于
R	CR=		半径
SIN[#1]	SIN(R1)		正弦
COS[#1]	COS(R1)		余弦
TAN[#1]	TAN(R1)		正切

（续）

FANUC	802S	802D	说明
G52 X Y Z	G0158 X Y Z	TRANS X Y Z	坐标偏移
		ATRANS X Y Z	附加坐标偏移
G68X Y R	G0258RPL=	ROT RPL=	坐标旋转（*X**Y* 旋转中心，*R*、*RPL* 角度）
	G0259 RPL=	AROT RPL=	附加坐标旋转
G69	G0158	TRANS	取消坐标旋转
C	CHF=		倒角
R	RND=		倒圆
G62	G901	CFC	自动拐角倍率修调
	G900	CFTCP	自动拐角倍率修调取消
G039	G0450		拐角圆弧插补
	G0451		拐角圆弧插补取消
G028 X Y Z	G74 X Y Z		机床自动回零点
G51		SCALE	可编程比例
G50		ASCALE	可编程比例取消
G51. 1 X(Y、Z)		MIRROR X(Y、Z)	IP 镜像轴
G50. 1		AMIRROR	取消镜像

参 考 文 献

［1］ 德国西门子公司. SINUMERIK 802S baseline 简明操作编程手册［Z］. 2003.

［2］ 德国西门子公司. SINUMERIK 802D si 操作和编程（铣床版）［Z］. 2003.

［3］ 日本发那科公司. FANUC Series 0*i*-MC 操作说明书［Z］. 2003.

［4］ 日本发那科公司. FANUC Series 0*i*-MODELF 车床系统/加工中心系统通用操作说明书［Z］. 2003.

［5］ 奥利菲·博尔克纳, 等. 机械切削加工［M］. 杨祖群, 译. 长沙：湖南科学技术出版社, 2016.

［6］ 彼得·斯米德. FANUC 数控系统用户宏程序与编程技巧［M］. 罗学科, 等译. 北京：化学工业出版社, 2007.

［7］ 李锋, 等. 数控铣削变量编程实例教程［M］. 北京：化学工业出版社, 2008.

［8］ 薛彦成. 数控原理与编程［M］. 北京：机械工业出版社, 1997.

［9］ 陈海舟. 数控铣削加工宏程序及应用实例［M］. 北京：机械工业出版社, 2008.

［10］ 王贵明. 数控应用技术［M］. 北京：机械工业出版社, 2000.

［11］ 杨伟群, 等. 数控工艺培训教程［M］. 北京：清华大学出版社, 2002.